职业技能等级认定学练丛书

管　　工

中国铁路呼和浩特局集团有限公司　编

中国铁道出版社有限公司

2024年·北　京

内容简介

本书是中国铁路呼和浩特局集团有限公司组织编写的职业技能等级认定学练丛书品种之一，适用于管工工种。内容包括管工初级工、中级工、高级工、技师、高级技师应熟悉和掌握的职业技能问答题目各 100 题，以及初级工、中级工、高级工、技师、高级技师模拟考核项目各 10 项，职工通过学习可以提升实作技能。

图书在版编目(CIP)数据

管工/中国铁路呼和浩特局集团有限公司编 .—北京：中国铁道出版社有限公司，2024.3
(职业技能等级认定学练丛书)
ISBN 978-7-113-30970-1

Ⅰ.①管… Ⅱ.①中… Ⅲ.①管道施工-职业技能-鉴定-教材 Ⅳ.①TU81

中国国家版本馆 CIP 数据核字(2024)第 023786 号

书　　名：管工
作　　者：中国铁路呼和浩特局集团有限公司

责任编辑：秦绪涛　李纯一　　**编辑部电话：**(010)51873024
封面设计：刘　莎
责任校对：刘　畅
责任印制：樊启鹏

出版发行：中国铁道出版社有限公司(100054，北京市西城区右安门西街 8 号)
网　　址：http://www.tdpress.com
印　　刷：北京联兴盛业印刷股份有限公司
版　　次：2024 年 3 月第 1 版　2024 年 3 月第 1 次印刷
开　　本：787 mm×1 092 mm　1/16　**印张：**11.75　**字数：**261 千
书　　号：ISBN 978-7-113-30970-1
定　　价：78.00 元

前　言

为进一步提高铁路职工教育培训的针对性和实效性，大力促进全局职工队伍岗位技能达标，2015 年劳动和卫生部组织专业技术人员编写了“铁路特有工种操作技能鉴定学练丛书”。该丛书为同期职业技能鉴定培训提供了有力的支撑，在铁路高技能人才培养选拔、落实全员持证上岗制度和确保运输生产安全稳定发展方面发挥了重大的作用。

随着我国铁路建设的持续发展，新技术、新设备不断更新应用，铁道行业标准、《铁路技术管理规程》等规章标准相应提升变化，丛书的范围和内容已经不能适应新时代铁路职工职业技能等级认定培训学习需求，急需进行修订完善和扩充拓展。

党的二十大报告要求，深入实施人才强国战略。为落实二十大精神，集团公司在技能人才队伍培养方面推出了一系列的新举措。其中，丛书修订完善作为一项重要工作进行落实，在对 62 个铁路特有工种进行修订完善的基础上，将丛书拓展为 90 个铁路特有工种和 8 个通用工种，并更名为“职业技能等级认定学练丛书”。

“职业技能等级认定学练丛书”在编写内容上力求体现以“优化职业活动为导向，以提升职业技能为核心”为指导思想，以“国家职业标准”“铁路特有工种技能培训规范”“高速铁路岗位培训规范”等为标准，以客观评价职工操作技能水平为目标，力求知识的系统性、连贯性和精炼性，突出针对性、典型性和适用性。

“职业技能等级认定学练丛书”是铁路职工职业等级认定操作技能考试前培训和自学教材，对职工各类在职教育和考试也有重要的参考价值。

“职业技能等级认定学练丛书”的编写是一项系统性、全面性的工作，工作难度比较大。在丛书的编写和审定过程中得到了集团公司职培部、各业务部及有关单位的大力支持和帮助，在此表示感谢！由于编写水平有限，加之时间仓促，恳请读者提出宝贵意见和建议。

中国铁路呼和浩特局集团有限公司

2023 年 9 月

目　录

第一部分　初　级　工

1. 管道按用途分为哪几种? …… 1
2. 管道按设计压力分为哪几种? …… 1
3. 管道按工作温度分为哪几种? …… 1
4. 管道按材质分为哪几种? …… 1
5. 管道按敷设形式分为哪几种? …… 1
6. 黑色金属管材有哪些? …… 1
7. 有色金属管材有哪些? …… 1
8. 非金属管材有哪些? …… 1
9. 混凝土管材有哪些? …… 1
10. 塑料管材有哪些? …… 1
11. 玻璃钢管材有哪些? …… 2
12. 管材连接方式有哪些? …… 2
13. 水压试验的标准是什么? …… 2
14. 消火栓分为哪几种? …… 2
15. 支墩类别有哪些? …… 2
16. 管道安装完毕做管道试压,通水前需要做什么工序? …… 2
17. 热弯弯头的煨制一般分为哪几个步骤? …… 2
18. 管件与管道连接形式有哪几种? …… 2
19. 管材的选用依据是什么? …… 2
20. 活接头由哪几部分组成,组装连接时注意哪些问题? …… 2
21. 管道工常用工具识图,下图两个工具是什么? …… 2
22. 看图提料,下图需要多长管子? 几个弯头? …… 3
23. 看图提料,下图共计需要几个活接? 几个阀门? …… 3
24. 钢管常采用哪些方法防腐? …… 4
25. 目前国内经常使用的倒链最大负荷能力为多少? …… 4
26. 常用的铅及其合金管道的焊接方法有哪些? …… 4
27. 铜管焊接常采用什么方法? …… 4
28. 不锈钢管道焊接方法有哪些? …… 4

29. 国内常用流量测量仪表有哪三种？ …… 4
30. 室外排水接口形式有哪些？ …… 4
31. 蒸汽管道疏水器装置应安装在什么地方？ …… 4
32. 高压管道的特点是什么？ …… 4
33. 室外排水管道的管材有哪些？ …… 4
34. 什么是管段组合件的组装？ …… 5
35. 如何防止汽蚀现象发生？ …… 5
36. 钢管内壁涂层保护常采取哪些措施？ …… 5
37. 使用扳手时注意事项有哪些？ …… 5
38. 什么是闸阀？ …… 5
39. 卫生器具安装的一般要求是什么？ …… 5
40. 室内普通消火栓的组成有哪些？ …… 5
41. 室内热水采暖系统的组成有哪些？ …… 5
42. 管道安装应统计哪些主要的辅助材料？ …… 5
43. 阀门型号由哪七个单元组成？ …… 6
44. 采用铝和铝合金管道时要特别注意不能输送哪些介质？ …… 6
45. 计算管材壁厚一般需考虑哪些因素？ …… 6
46. 试述管工安全技术操作规程。 …… 6
47. 室内给水管道的布置方式有哪四种？ …… 6
48. 管道保温的目的是什么？ …… 6
49. 架空管道的安装顺序是什么？ …… 6
50. 什么叫电弧焊？ …… 6
51. 什么叫气焊？ …… 7
52. 管道施工图有哪些种类？ …… 7
53. 检查井设置有何要求？ …… 7
54. 给水管道的材料是如何选用的？ …… 7
55. 热水管道的安装有哪些要求？ …… 7
56. 无缝钢管的使用范围是什么？ …… 7
57. 阀门有哪些主要作用？ …… 7
58. 管道施工结束后如何组织有关人员清理现场？ …… 8
59. 常用散热器的种类有哪些？ …… 8
60. 安装卫生器具有何注意事项？ …… 8
61. 管钳如何使用？ …… 8
62. 管道配管前应该具备哪些条件？ …… 8
63. 室内给水系统的组成是什么？ …… 8
64. 看图识别管件，下图 1、3、4、16 分别是什么管件？ …… 8

65. 室内给水系统如何分类? …… 9
66. 什么是螺纹连接? …… 9
67. 管道试压有何要求? …… 10
68. 碳钢管如何进行螺纹连接? …… 10
69. 如何使用砂轮切割机? …… 10
70. 简述蝶阀的结构、工作原理和性能。 …… 10
71. 什么是法兰连接? …… 10
72. 如何识读工艺流程图? …… 10
73. 氧气、煤气、乙炔、石油等管道为什么要接地? …… 11
74. 使用钢丝绳起吊管子时,应注意哪些事项? …… 11
75. 钳工工作包括哪些内容? …… 11
76. 压缩空气管道安装的特殊要求是什么? …… 11
77. 室内排水系统分为哪几类? …… 11
78. 如何正确使用劳保用品? …… 11
79. 如何识读采暖施工图? …… 12
80. 管道安装前应具备哪些条件? …… 12
81. 简述塑料管的煨弯方法。 …… 12
82. 管口翻边有哪几种方法? …… 12
83. 水暖维修作业工作流程是什么? …… 12
84. 水龙头的安装步骤是什么? …… 12
85. 使用电动工具时应注意哪些事项? …… 13
86. 简述阀门的检查与修理。 …… 13
87. 如何组对一组四片的四柱 800 型散热器?组对过程中常见事故如何预防和处理? …… 13
88. 坐便器如何安装? …… 13
89. 水表如何安装? …… 14
90. 阀门如何安装? …… 14
91. 室内给水系统的作用是什么? …… 14
92. PPR 管道熔接工艺如何操作? …… 14
93. 室内排水系统的作用是什么? …… 15
94. 安装散热器的注意事项有哪些? …… 15
95. 管道配管前需做哪些准备工作? …… 15
96. 对管子、管件、阀门的检验包含什么? …… 15
97. 管道试压、吹扫阶段的注意事项有哪些? …… 15
98. 管道中间安装阀门步骤是什么? …… 16
99. 闸阀的优缺点是什么? …… 16
100. 简述截止阀的特点及使用范围。 …… 16

S1　钢管切断套丝 …… 17
S2　钢管冷弯 90°弯 …… 19
S3　安装 DN25 阀门(截止阀)活接、弯头 …… 20
S4　给水铸铁管漏水处理 …… 22
S5　来回弯样板制作 …… 23
S6　夹环(活动支架零件)制作 …… 25
S7　铸铁管灌捻铅口 …… 26
S8　组对 60 型散热器 …… 28
S9　同径三通管下料 …… 30
S10　室内水表安装 …… 31

第二部分　中　级　工

1. 方形补偿器的作用原理是什么? …… 34
2. 填料式补偿器的作用是什么? …… 34
3. 目前国内经常使用的倒链最大负荷能力为多少? …… 34
4. 常用的铅及其合金管道的焊接方法有哪些? …… 34
5. 铜管焊接常采用什么方法? …… 34
6. 不锈钢管道焊接方法有哪些? …… 34
7. 管道焊后进行热处理的目的是什么? …… 34
8. 编制施工方案着重解决哪些问题? …… 34
9. 国内常用流量测量仪表有哪三种? …… 35
10. 室外排水接口形式有哪些? …… 35
11. 高压管道的特点是什么? …… 35
12. 常用黑色金属管道有什么性能? …… 35
13. 热力学第一定律数学表达式 $q=W+\Delta U$ 表达的是什么内容?
式中符号各代表什么? …… 35
14. 焊接熔池的凝缩应力产生的原因是什么? …… 35
15. 简述速度式流量计的原理。 …… 35
16. 焊接接头的组织应力是怎样产生的? …… 35
17. 1Cr18Ni9Ti 不锈钢中碳、镍、铬、钛含量各为多少? …… 35
18. 压力管在紊流状态下沿程阻力 h 与哪些因素有关? …… 36
19. 什么情况下的管材或焊缝要进行热处理? …… 36
20. 电动调节阀安装时应注意哪些事项。 …… 36
21. 简述不锈钢管的施工要点。 …… 36
22. 如何防止汽蚀现象发生? …… 36
23. 哪些管道需要脱脂? 常用脱脂剂有哪些? …… 36

24. 方形补偿器安装时预拉(预压)的目的是什么? …… 36
25. 铜管有何性能? …… 36
26. 铝管有何性能? …… 36
27. 铅管有何性能? …… 37
28. 蒸汽管线试运时产生振动的原因是什么? …… 37
29. 管道测绘常用工具有哪些? …… 37
30. 管段组合件的组装是什么? …… 37
31. 室外排水管道的管材有哪些? …… 37
32. 检查井的作用有哪些? …… 37
33. 检查井如何分类? …… 37
34. 室外给水管道的管材如何分类? …… 37
35. 简述架空保温蒸汽管道的传热过程。 …… 38
36. 什么是千斤顶? 有何特点? …… 38
37. 管子组对中,管子错口对管内阻力有何危害? 为什么? …… 38
38. 工艺管道系统试水压时易出现哪些故障? …… 38
39. 试说明常用补偿器的主要特点。 …… 38
40. 高压管道施工验收规范有哪些? …… 38
41. 硬聚氯乙烯管有何性能? …… 38
42. PPR 管材有何特点? …… 38
43. 如何防止管道焊接变形? …… 39
44. 如何计算方形补偿器的预拉伸量? …… 39
45. 简述低合金钢管道的施工要点。 …… 39
46. 什么是汽蚀现象? …… 39
47. 如何识读管道布置图? …… 39
48. 闸阀的作用原理是什么? …… 39
49. 无损探伤主要有哪几种? 适用范围如何? …… 39
50. 管道施工图由哪些元素组成? …… 40
51. 锅炉本体管束胀接的安装程序是什么? …… 40
52. 看图制作,镀锌钢管套丝扣。 …… 40
53. 根据室内给水管道连接图计算需要 DN20 钢管的长度。 …… 40
54. 已知下图为 PPR25 管材,计算提料。 …… 40
55. 热力管道的分类有哪几种? …… 41
56. 一般阀门常见故障与原因有哪些? …… 41
57. 钢管冷弯 90°需要准备哪些工具? …… 41
58. 热力管道有何特点? …… 41
59. 管道的热膨胀是什么? …… 41

60. 热力管道的布置形式有哪些要求？平面布置有哪些种类？ …… 42
61. 管道敷设的方式有哪些？ …… 42
62. 按要求提料。 …… 42
63. 热力管道安装的特殊要求是什么？ …… 42
64. 输油管道安装的特殊要求是什么？ …… 43
65. 什么是工艺管道施工图？ …… 43
66. 快装锅炉铭牌标注的型号各代表什么意思？ …… 43
67. 简述弹簧式安全阀的结构和作用原理。 …… 43
68. 止回阀分哪几种？其作用原理是什么？ …… 43
69. 简述蝶阀的结构、工作原理和性能。 …… 44
70. 闸阀有何性能？ …… 44
71. 简述填料式补偿器的安装要求。 …… 44
72. 常用散热器的种类有哪些？ …… 44
73. 如何识读钢结构施工图？ …… 44
74. 如何识读工艺流程图？ …… 44
75. 简述波形补偿器的安装要求。 …… 45
76. 如何根据钢丝绳的技术规格计算钢丝绳的最大许用拉力？ …… 45
77. 氧气、煤气、乙炔、石油等管道为什么要接地？ …… 45
78. 压缩空气管道安装的特殊要求是什么？ …… 45
79. 使用钢丝绳起吊管子时，应注意哪些事项？ …… 45
80. 管道施工图如何分类？ …… 45
81. 简述闸阀的结构。 …… 46
82. 如何识读采暖施工图？ …… 46
83. 氢气管道安装的特殊要求是什么？ …… 46
84. 管道识图的顺序是什么？ …… 46
85. 管道路施工一般安全特点有哪些？ …… 47
86. 管道机具操作安全技术有哪些？ …… 47
87. 室外给水管道的施工工艺流程及注意事项是什么？ …… 48
88. 水平横管的排列原则是什么？ …… 48
89. 锅炉的分类有哪些？ …… 48
90. 模拟主地沟 DN80 管道漏水，处理暖气管道突发故障，提出实施方案。 …… 49
91. 根据下图计算共计需要多少 DEPPR25 管？阀门、水表数量是什么？ …… 49
92. 简述管道施工图的看图顺序。 …… 49
93. 管钳的使用方法是什么？ …… 49
94. 如何正确使用劳保用品？ …… 50
95. 管道安装前应具备哪些条件？ …… 50

96. 简述塑料管的煨弯方法。 …… 50
97. 管口翻边有哪几种方法? …… 50
98. 水暖维修作业工作流程是什么? …… 50
99. 水龙头的安装步骤是什么? …… 51
100. 使用电动工具时应注意哪些事项? …… 51
S1 热弯方形伸缩器 …… 52
S2 天圆地方下料制作 …… 53
S3 汽水分离器下料制作 …… 55
S4 热煨胀力圈 …… 57
S5 方形补偿器的制作与安装 …… 59
S6 热弯胀力圈 …… 61
S7 按图编制油漆清单 …… 62
S8 热煨抱弯 …… 64
S9 洗面盆安装 …… 66
S10 法兰连接热动力式疏水组装 …… 67

第三部分　高　级　工

1. 什么是密度? …… 70
2. 什么是黏滞性? …… 70
3. 什么是热胀性? …… 70
4. 什么是压缩性? …… 70
5. 什么是表面张力? …… 70
6. 民用管道包括哪些管道? …… 70
7. 工业生产用管道包括哪些管道? …… 70
8. 说出管道工的职业定义是什么? …… 70
9. 铸铁管按连接方式可分为哪两种? …… 70
10. 混凝土管分为哪三种? …… 71
11. 钢筋混凝土管通常用于哪些管路? …… 71
12. 什么叫管件? 并列述部分管件。 …… 71
13. 在管道工程中,如果需要在一处连接三种或四种不同的管径,应如何解决? …… 71
14. 在管路连接中,密封材料起密封作用,列述常用的密封材料。 …… 71
15. 在管路上经常要使用防腐材料,列述常用的防腐材料。 …… 71
16. 阀门按结构分为哪七类? …… 71
17. 水表的工作原理是什么? …… 71
18. 流体的共同特征是什么? …… 71
19. 流体压强的基本特征是什么? …… 71

20. 什么叫流线？ …… 71
21. 什么叫恒定流？ …… 71
22. 什么叫有压流？ …… 72
23. 锅炉工作包括哪三个同时进行的过程？ …… 72
24. 什么是工质？ …… 72
25. 什么叫比容？ …… 72
26. 什么叫内能？ …… 72
27. 什么叫理想气体？ …… 72
28. 什么叫热量？ …… 72
29. 什么叫比热容？ …… 72
30. 常用的长度单位有哪种？ …… 72
31. 金属材料淬火的目的是什么？ …… 72
32. 常见的齿轮有哪些种类？ …… 72
33. 水平仪有什么用途？ …… 72
34. 金属材料有哪些基本机械性能？ …… 73
35. 什么是塑性？ …… 73
36. 金属材料的工艺性能有哪些？ …… 73
37. 气焊(割)常用工具有哪些？ …… 73
38. 金属材料热煨后进行热处理的目的是什么？ …… 73
39. 什么是强度？ …… 73
40. 什么是理想气体方程式？ …… 73
41. 什么是锅炉的热效率？ …… 73
42. 什么叫相对压强、绝对压强？ …… 73
43. 压缩空气站有哪些主要设备？ …… 73
44. 为什么可以通过管道把流体输送到指定地点？ …… 73
45. 为什么气体既无固定的形态，又无固定体积？ …… 74
46. 阀门型号七个单元分别表示什么？ …… 74
47. 蝶阀的工作过程是什么？ …… 74
48. 安全阀按开启高度不同分为哪两种？分别用于什么介质场合？ …… 74
49. 给水管网水力计算的任务是什么？ …… 74
50. 回火的目的是什么？ …… 74
51. 退火的目的是什么？ …… 74
52. 给水管道的材料是如何选用的？ …… 74
53. 锅炉缺水如何处理？ …… 74
54. 锅炉试水为何要用热水？ …… 75
55. 锅炉试水所用热水为何不能超过 60 ℃？ …… 75

56. 管道工程所用的管材可分为哪两种？这两种分别又包括哪些管材？ …………… 75
57. 无缝钢管通常用于哪些管路？ …………………………………………………… 75
58. 异径管接头的分类和用途是什么？ ……………………………………………… 75
59. 锅炉的受热面由哪几部分组成？ ………………………………………………… 75
60. 为什么要进行烘炉和煮炉？ ……………………………………………………… 75
61. 什么是温度、绝对温度与摄氏温度？ …………………………………………… 75
62. 什么叫压力？ ……………………………………………………………………… 75
63. 什么是热力学第一定律？ ………………………………………………………… 76
64. 压缩空气具有哪些良好的应用性能？ …………………………………………… 76
65. 油水分离器的作用原理是什么？ ………………………………………………… 76
66. 气割原理是什么？ ………………………………………………………………… 76
67. 什么是安全带“高挂低用”？为什么要“高挂低用”？ ………………………… 76
68. 高压化工介质有何特点？ ………………………………………………………… 76
69. 什么是制冷？ ……………………………………………………………………… 76
70. 正火的目的是什么？ ……………………………………………………………… 76
71. 什么是管道的法兰连接？ ………………………………………………………… 76
72. 如何预防过热器爆炸事故？ ……………………………………………………… 77
73. 钠离子软化的原理是什么？ ……………………………………………………… 77
74. 室内安装的透气管有何作用？ …………………………………………………… 77
75. 管道施工中，搬运和吊装有哪些基本方法？ …………………………………… 77
76. 热力管道安装的特殊要求是什么？ ……………………………………………… 77
77. 根据下图计算提料，管材为 DN20 镀锌钢管。 ………………………………… 77
78. 卫生器具的种类有哪些？列出十种常用的卫生器具名称。 …………………… 78
79. 锅炉铆缝渗漏如何处理？ ………………………………………………………… 78
80. 简述低压聚乙烯的生产过程。 …………………………………………………… 78
81. 水冷壁及对流管束爆破有什么现象？ …………………………………………… 78
82. 热水采暖有何优缺点？ …………………………………………………………… 78
83. 卫生设备的排出口为何要设存水弯？ …………………………………………… 78
84. 钢管分为无缝钢管和有缝钢管，无缝钢管的制作原料、方法和优缺点是什么？ ……… 78
85. 为什么液体没有固定的形态，但有固定体积并能形成自由表面？ …………… 79
86. 锅炉满水如何处理？ ……………………………………………………………… 79
87. 锅炉用水为何要使用软化水？ …………………………………………………… 79
88. 给水管道工作压力计算公式 $H=H_1+H_2+H_3+H_4$ 中符号各代表什么？ ……… 79
89. 怎样进行管材及坡口的气割？ …………………………………………………… 79
90. 管工高处作业应注意哪些安全事项？ …………………………………………… 79
91. 锅炉汽包上的安全阀定压有何要求？ …………………………………………… 79

92. 对比热水采暖，蒸汽采暖有何优缺点？ …… 80
93. 简述涂漆施工程序。 …… 80
94. 施工现场安全生产的基本要求是什么？ …… 80
95. 简述水表安装要求。 …… 80
96. 怎样打青铅接口？ …… 80
97. 怎样检查铸铁管？ …… 80
98. 水平横管的排列原则是什么？ …… 81
99. 管道系统试压前应具备的条件是什么？ …… 81
100. 消火栓的布置应符合哪些要求？ …… 81
S1　热煨胀力圈 …… 82
S2　同径三通管下料制作 …… 83
S3　双吸气竖管制作 …… 85
S4　冷煨容积式加热器 …… 87
S5　弹簧卷制 …… 89
S6　ϕ32 mm×3 mm 无缝钢管煨制 90°弯头 …… 90
S7　过滤器旁通管的制作与安装 …… 92
S8　样板制作 …… 94
S9　冷煨存油器 …… 96
S10　镀锌钢管连接 …… 97

第四部分　技　　师

1. 什么是极限应力？ …… 100
2. 什么是挠度？ …… 100
3. 什么是淬火？ …… 100
4. 什么是电化学腐蚀？ …… 100
5. 什么是化学腐蚀？ …… 100
6. 什么是坐标？ …… 100
7. 什么是金属蠕变？ …… 100
8. 什么是安全系数？ …… 100
9. 什么是充满度？ …… 100
10. 什么是经济流速？ …… 100
11. 什么是汽水共腾？ …… 101
12. 什么是基本耗热量？ …… 101
13. 什么是疏水器？ …… 101
14. 什么是挂管？ …… 101
15. 什么是水平钻孔顶管法？ …… 101

16. 什么是省煤器？ …… 101
17. 什么是蒸汽过热器？ …… 101
18. 什么是标高？ …… 101
19. 什么是自然循环采暖？ …… 101
20. 在管路连接中，密封材料起到密封作用，列出常用的密封材料。 …… 101
21. 什么是泵的串联？ …… 101
22. 什么是过热水蒸气？ …… 101
23. 常用的测量仪表有哪几种？ …… 102
24. 什么是软化水？ …… 102
25. 什么是可焊性？ …… 102
26. 什么是碳当量？ …… 102
27. 什么是油品的闪点？ …… 102
28. 什么是石油的分馏？ …… 102
29. 什么是管道强度试验？ …… 102
30. 什么是管道严密性试验？ …… 102
31. 什么是管道的脱脂？ …… 102
32. 什么是油气集输流程？ …… 102
33. 什么是重载固定支架？ …… 102
34. 什么是减载固定支架？ …… 102
35. 什么是管道的共振？ …… 103
36. 什么是消极防振？ …… 103
37. 什么是顶管敷设？ …… 103
38. 什么是管道纵向失稳？ …… 103
39. 什么是管道保温层的临界厚度？ …… 103
40. 液压传动泵系统由哪几个部分组成？ …… 103
41. 氨气压缩式制冷系统主要由哪些设备组成？ …… 103
42. 石油化工一般有哪些单元过程？ …… 103
43. 大型石油化工厂管道工程的施工程序是什么？ …… 103
44. 什么是施工组织设计？ …… 103
45. 什么是油品的自燃？ …… 104
46. 什么是让开管？ …… 104
47. 什么是饱和蒸汽？ …… 104
48. 什么是电弧？ …… 104
49. 什么是垫片密封比压？ …… 104
50. 什么是垫片系数？ …… 104
51. 什么是汽油的催化重整？ …… 104

52. 什么是管道的轴测图？ …… 104
53. 什么是强度和刚度？ …… 104
54. 什么是胀管？ …… 104
55. 什么是穿刺顶管法？ …… 105
56. 什么是乳状液？ …… 105
57. 什么是应力松弛？ …… 105
58. 什么是爆炸极限？ …… 105
59. 什么是管道水击？ …… 105
60. 什么是换热器？ …… 105
61. 什么是管道测绘？ …… 105
62. 什么是井点降水？ …… 105
63. 简述热力管网水力计算步骤。 …… 105
64. 管子的切割有哪几种方法？ …… 106
65. 金属管道油漆层防腐作用是什么？起防腐作用的油漆层应有什么性能？ …… 106
66. 房间的失热量包括哪些内容？ …… 106
67. 设置通气管的目的是什么？ …… 106
68. 施工草图一般有哪些内容？ …… 106
69. 柴油机由哪几部分组成？其工作原理是什么？ …… 106
70. 管道试压的目的是什么？ …… 106
71. 离心风机的结构和工作原理是什么？ …… 107
72. 什么是碳素钢“二合一”和“四合一”表面化学处理？ …… 107
73. 如何进行管道工程施工的机具准备？ …… 107
74. 锅炉泄漏主要指哪些设备，产生泄漏的原因是什么？ …… 107
75. 原油含水过多在炼制中有什么危害？ …… 107
76. 管道工程中常用的补偿器主要类型有哪些？试述管道系统设置补偿装置的目的。 …… 107
77. 管道测绘的目的是什么？ …… 107
78. 热力管道布置有什么要求？ …… 108
79. 论述热水采暖系统运行调节时采用的调节方式。 …… 108
80. 金属蠕变在蒸汽管道中会产生什么危害？ …… 108
81. 热水采暖管网安装后如何调动和调整运行？ …… 108
82. 对管道系统进行吹扫的目的是什么？ …… 108
83. 氨制冷系统中氨油分离器的作用是什么？ …… 108
84. 原油中的盐类对常减压装置有什么危害？ …… 109
85. 埋地钢管如采用环氧煤沥青防腐，其防腐等级有几种？说明各等级具体防腐结构。 …… 109

86. 简述工艺设备配管的施工顺序。 …… 109
87. 管道施工应准备哪些图纸资料? …… 109
88. 普通钢管套丝的作业方法及套丝长度有何要求? …… 109
89. 如何熔铅和运送熔化的青铅? …… 109
90. 手动阀门如何进行关闭? …… 110
91. 论述锅炉缺水的原因。锅炉缺水有哪几种情况? …… 110
92. 试述室外热力管道平面布置方式及特点。 …… 110
93. 简述水箱的作用及设置要求。 …… 110
94. PPR 框架结构提料。 …… 110
95. 烘炉和煮炉的目的是什么? …… 111
96. 对新阀门解体进行检查时,质量应符合哪些要求? …… 111
97. 对管道设备进行定期巡视时,要注意哪些? …… 111
98. 压力表在什么情况下停止使用? …… 112
99. 管道埋设深度一般有哪些要求? …… 112
100. 什么叫制冷? 人工制冷有哪几种方法? …… 112
S1　ϕ32 mm×3 mm 无缝钢管煨制 90°弯头 …… 113
S2　过滤器旁通管的制作与安装 …… 114
S3　样板制作 …… 116
S4　132 型散热器安装组对 …… 118
S5　水表组的安装 …… 120
S6　四柱 760 型散热器安装提料 …… 121
S7　镀锌钢管螺纹连接 …… 123
S8　PPR 塑料管热熔连接 …… 125
S9　热弯压缩空气支管 …… 127
S10　法兰连接热动力式疏水组装 …… 129

第五部分　高级技师

1. 水箱的作用是什么? 它的设置高度如何确定? …… 131
2. 国内常用流量测量仪表有哪三种? …… 131
3. 常用的铅及其合金管道的焊接方法有哪些? …… 131
4. 铜管焊接常采用什么方法? …… 131
5. 室内排水系统由哪几个部分组成? …… 131
6. 什么叫载冷剂? …… 131
7. 方形补偿器安装时预拉(预压)的目的是什么? …… 131
8. 管道焊后进行热处理的目的是什么? …… 131
9. 方形补偿器的作用原理是什么? …… 131

10. 填料式补偿器的作用是什么？ …… 132
11. 螺纹连接的管件有哪些？ …… 132
12. 怎样进行法兰接口连接？ …… 132
13. 存水弯的作用是什么？ …… 132
14. 管道安装应统计哪些主要的辅助材料？ …… 132
15. 如何进行管材搬运？ …… 132
16. 编制施工方案着重解决哪些问题？ …… 132
17. 常用黑色金属管道有什么性能？ …… 132
18. 焊接接头的组织应力是怎样产生的？ …… 132
19. 水锤现象有何危害？ …… 133
20. 高压管道的特点是什么？ …… 133
21. 给水管道的试压有何要求？ …… 133
22. 卫生器具安装的一般要求是什么？ …… 133
23. 常用的阀门有哪些种类？ …… 133
24. 怎样用冷调法调直钢管？ …… 133
25. 热力管道上如何安装偏心异径管？ …… 133
26. 法兰有哪几种？如何选择？ …… 133
27. 常用的弯头按制作方法和形式可分为哪些？ …… 133
28. 消防用水有什么特殊要求？ …… 134
29. 焊接熔池的凝缩应力产生的原因是什么？ …… 134
30. 简述速度式流量计的原理。 …… 134
31. 压力管在紊流状态下沿程阻力 h 与哪些因素有关？ …… 134
32. 简述室内排水管的安装顺序。 …… 134
33. 锅炉本体管束胀接的安装程序是什么？ …… 134
34. 简述压缩制冷系统的几种主要设备和附属装置。 …… 134
35. 单位工程施工组织设计的内容有哪些？ …… 134
36. 说明常用补偿器的主要特点。 …… 135
37. 如何防止管道焊接变形？ …… 135
38. 管道铺设分为哪几种型式？ …… 135
39. 如何使用丝锥绞制内螺纹？ …… 135
40. 塑料管道按主要成分可分为哪几类？ …… 135
41. 无损探伤主要有哪几种？适用范围如何？ …… 135
42. 手动阀门如何进行关闭？ …… 135
43. 如何检查铸铁管？ …… 135
44. 自动消防系统有哪几种类型？湿式喷水灭火系统由哪几部分组成？一个报警阀允许控制多少个喷淋头？ …… 136

45. 管子与管件在使用前的外观检查，其表面的质量要求有哪些？ …… 136
46. 简述不锈钢管的施工要点。 …… 136
47. 补偿器如何分类？ …… 136
48. 铅管有何性能？ …… 136
49. 热力学第一定律数学表达式 $q=W+\Delta U$ 表达的是什么内容？式中符号各代表什么？ …… 136
50. 简述水箱的作用。 …… 136
51. 简述低合金钢管道的施工要点。 …… 137
52. 酸洗有哪几种操作方法？ …… 137
53. 什么是汽蚀现象？ …… 137
54. 如何防止汽蚀现象发生？ …… 137
55. 哪些管道需要脱脂？常用脱脂剂有哪些？ …… 137
56. 确定单位工程施工起点流向时，一般应考虑哪些因素？ …… 137
57. 对保温材料有何要求？ …… 137
58. 如何识读管道布置图？ …… 137
59. 怎样用錾切法切断铸铁管？ …… 138
60. 简述高层建筑给水方式。 …… 138
61. 如何进行水表安装？ …… 138
62. 简述弹簧式安全阀的结构和作用原理。 …… 138
63. 止回阀分哪几种？其作用原理是什么？ …… 138
64. 室外给水系统的设备、附件和附属构筑物有哪些？ …… 138
65. 铅接口铸铁管漏水如何处理？ …… 138
66. 水道工作业中巡检定检应注意哪些事项？ …… 139
67. 对管道设备进行定期巡视时，要注意哪些？ …… 139
68. 用地面检漏法查找管路漏水时，具体观察方法有哪些？ …… 139
69. 水塔检修时应注意哪些？ …… 139
70. 室外给水管道的安装过程是什么？ …… 139
71. 局部散热器不热的故障原因有哪些？ …… 140
72. 简述水箱的作用及设置要求。 …… 140
73. 热水管道的安装需注意什么？ …… 140
74. 消火栓的布置应符合哪些要求？ …… 140
75. 烘炉和煮炉的目的是什么？ …… 140
76. 试述室外热力管道平面布置方式及特点。 …… 140
77. 试述热水供暖系统下分式系统干管的布置原则。 …… 141
78. 试述热水供暖系统干管敷设要求。 …… 141
79. 什么叫制冷？人工制冷有哪几种方法？ …… 141

80. 管道工程中常用的补偿器主要类型有哪些？试述管道系统设置补偿装置的目的。 …… 141
81. 编制单位工程施工组织设计的依据有哪些？ …… 141
82. 编制单位工程施工进度计划，主要依据哪些资料？ …… 141
83. 单位工程施工平向图的设计内容有哪些？ …… 142
84. 如何识读采暖施工图？ …… 142
85. 锅炉泄漏主要指哪些设备？产生泄漏的原因是什么？ …… 142
86. 简述波形补偿器的安装要求。 …… 142
87. 氧气、煤气、乙炔、石油等管道为什么要接地？ …… 142
88. 压缩空气管道安装的特殊要求是什么？ …… 142
89. 氢气管道安装的特殊要求是什么？ …… 143
90. 简述管道敷设顺序。 …… 143
91. 输油管道安装的特殊要求是什么？ …… 143
92. 论述热水采暖系统运行调节时采用的调节方式。 …… 143
93. 伸缩器分为哪几类？ …… 143
94. 管道埋设深度一般有哪些要求？ …… 144
95. 对新阀门解体进行检查时，质量应符合哪些要求？ …… 144
96. PPR 框架结构提料。 …… 144
97. 论述锅炉缺水的原因。锅炉缺水有哪几种情况？ …… 145
98. 对比热水采暖，蒸汽采暖有何优缺点？ …… 145
99. 锅炉汽包上的安全阀定压有何要求？ …… 145
100. 管工高处作业应注意哪些安全事项？ …… 145
S1　热煨制压力表弯 …… 146
S2　给排水管道安装 …… 147
S3　焊制同心异径管 …… 149
S4　曲面槽滑动支架制作 …… 151
S5　除污器组成 …… 152
S6　热弯压缩空气支管 …… 154
S7　90°弯头下料制作 …… 156
S8　活塞式减压阀组装 …… 158
S9　方形补偿器的制作与安装 …… 160
S10　冷煨存油器 …… 162

第一部分　初　级　工

1. 管道按用途分为哪几种?

答:民用管道,动力管道,输送管道,工艺管道。

2. 管道按设计压力分为哪几种?

答:真空管道,低压管道,中压管道,高压管道。

3. 管道按工作温度分为哪几种?

答:低温管道,常温管道,高温管道。

4. 管道按材质分为哪几种?

答:黑色金属管道,有色金属管道,非金属管道。

5. 管道按敷设形式分为哪几种?

答:明设管道,暗设管道,埋设管道。

6. 黑色金属管材有哪些?

答:灰铁管,球铁管,钢管,白铁管,铁管内喷塑或内面再压入塑料管。

7. 有色金属管材有哪些?

答:铅管,铜管。

8. 非金属管材有哪些?

答:混凝土管材,塑料管材,玻璃钢管材。

9. 混凝土管材有哪些?

答:预应力混凝土管,自应力钢筋混凝土管,钢套筒预应力混凝土管。

10. 塑料管材有哪些?

答:聚氯乙烯管(UPVC),聚乙烯管(PE)。

11. 玻璃钢管材有哪些?

答:用玻璃纤维、环氧树脂、聚酯和砂用离心方式成形的管材。

12. 管材连接方式有哪些?

答:(1)金属管连接方式:①法兰连接;②承插式连接(A柔性接口,B刚性接口)。(2)塑料管连接方式:①胶圈接口;②电熔接口。

13. 水压试验的标准是什么?

答:水压试验是指承受工作压力 $P=0.75$ MPa,试验水压压力为 1.75 MPa。

14. 消火栓分为哪几种?

答:消火栓分为室内、室外两种,在安装形式上分地上式和地下式。

15. 支墩类别有哪些?

答:水平支墩,上弯支墩,下弯支墩,空间两相扭曲支墩。

16. 管道安装完毕做管道试压,通水前需要做什么工序?

答:通水前需做管道消毒和冲洗两道工序。

17. 热弯弯头的煨制一般分为哪几个步骤?

答:热弯弯头煨制一般分为五个步骤:①充砂;②划线;③加热;④煨管;⑤清砂。

18. 管件与管道连接形式有哪几种?

答:焊接管件,法兰管件,螺纹管件,承插管件。

19. 管材的选用依据是什么?

答:管道内工作介质的性质、介质的操作压力和操作温度是管材选用的依据。

20. 活接头由哪几部分组成,组装连接时注意哪些问题?

答:活接头由公口、母口和套母三部分组成。连接时公口要加热。蒸汽管道加石棉橡胶垫,水管或低温水暖管道可加橡皮垫。活接头连接有方向性,应注意使水流方向与活接头公口到母口的方向相同。

21. 管道工常用工具识图,下图两个工具是什么?

答:管钳,链钳。

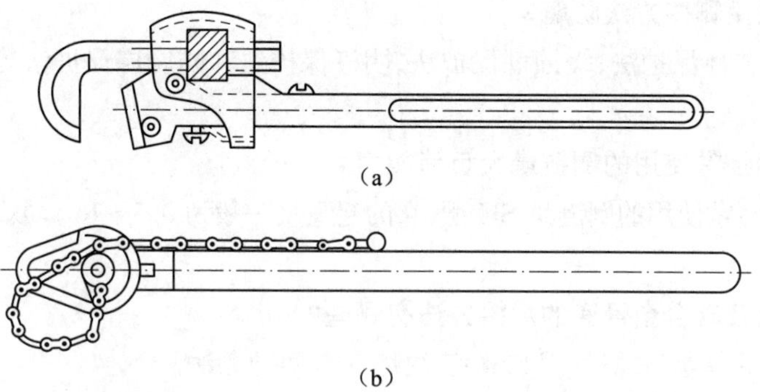
(a)
(b)

22. 看图提料，下图需要多长管子？几个弯头？

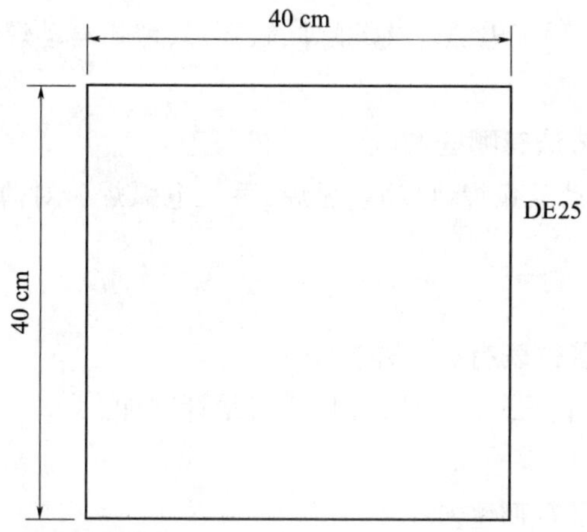

答：PPR25 管 1.6 m、DE25 弯头 4 个。

23. 看图提料，下图共计需要几个活接？几个阀门？

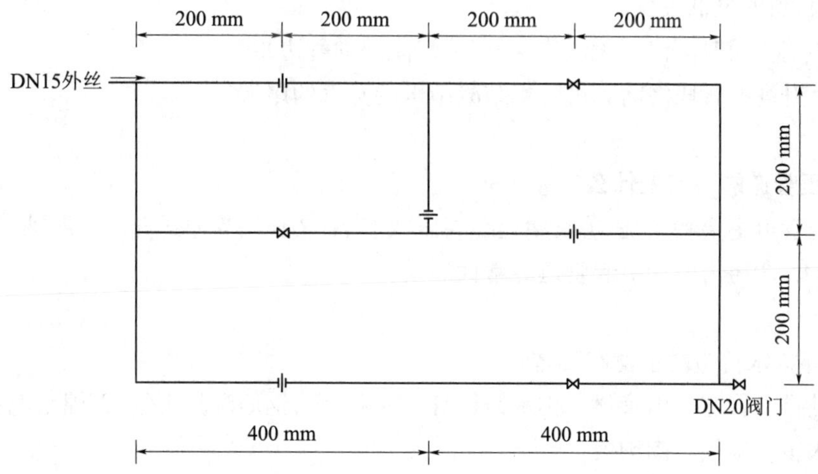

答：需要活接 4 个、阀门 4 个。

24. 钢管常采用哪些方法防腐?

答:常采用工艺性保护法、缓蚀剂保护法、阴极保护法和防腐层保护法等。

25. 目前国内经常使用的倒链最大负荷能力为多少?

答:目前国内经常使用的倒链是SH型,它的起重量一般为0.5～10 t,最大起重量为20 t。

26. 常用的铅及其合金管道的焊接方法有哪些?

答:目前常用的是氢-氧焰气焊和氧-乙炔焰气焊两种方法。

27. 铜管焊接常采用什么方法?

答:常采用气焊、钎焊、手工电弧焊、碳弧焊、氩弧焊、埋弧自动焊等。

28. 不锈钢管道焊接方法有哪些?

答:有手动氩弧焊、自动氩弧焊、自动埋弧焊、手工电弧焊。对薄壁($\delta \leqslant 1.5$ mm)管,也可采用氧-乙炔焰焊接。

29. 国内常用流量测量仪表有哪三种?

答:有速度式流量计、差压式流量计、容积式流量计三种。

30. 室外排水接口形式有哪些?

答:室外排水接口有承插接口、套环接口、平口或企口管子接口等多种形式。

31. 蒸汽管道疏水器装置应安装在什么地方?

答:(1)管道的最低位置。

(2)在阀门关闭时蒸汽管段低位点(在蒸汽流向的一边)。

(3)垂直升高的管段之前和可能集结凝结水的蒸汽的尾端。

32. 高压管道的特点是什么?

答:高压管道主要特点是:①长期处在高压状态下;②长期受输送介质的腐蚀,管内高压介质的渗透力大;③压力波动引起管道经常性振动。

33. 室外排水管道的管材有哪些?

答:室外排水管道常用管材有排水铸铁管、混凝土管、钢筋混凝土管、石棉水泥管和陶土管等,大型排水工程采用砖砌沟渠。

34. 什么是管段组合件的组装？

答：管段组合件的组装就是把检验合格的管子及其部件，按照一定的方法、步骤和设计要求互相连接或组合起来的操作过程。

35. 如何防止汽蚀现象发生？

答：通流部分断面变化率力求小，壁面力求光滑；吸水管的阻力尽量要小，要尽量短直；正确选择泵的吸入高度；泵内汽蚀区域贴补环氧树脂涂料。

36. 钢管内壁涂层保护常采取哪些措施？

答：常采用在管道内涂敷水泥砂浆防腐层，环氧粉末防腐层，内衬橡胶、玻璃、塑料、搪瓷、铝、铅层等。

37. 使用扳手时注意事项有哪些？

答：(1)活动扳手开口可以调节，选用不同规格的扳手可以拆装不同尺寸的螺栓及螺母。

(2)使用活动扳手时，开口大小要合适，过大会损坏螺母的形状，使其棱角变圆，扳手上也不能套加力管，以免损坏扳手。

38. 什么是闸阀？

答：闸阀又称闸板阀或闸门阀，是应用最广泛的一种阀门。它是通过闸板的升降来控制阀门的启闭，闸板垂直于流体方向，改变闸板与阀座间相对位置即可改变通道大小。

39. 卫生器具安装的一般要求是什么？

答：卫生器具的安装位置正确，安装牢靠，外观美观，密封性好，便于检护、维修，满足使用功能的要求，并不会污染给水管道。

40. 室内普通消火栓的组成有哪些？

答：室内消火栓成套灭火设备包括水枪、水龙带、消火栓、消防软管卷盘、消火栓箱、消防按钮。

41. 室内热水采暖系统的组成有哪些？

答：室内热水采暖系统由热水锅炉、供水管道、散热器、集气罐组成。

42. 管道安装应统计哪些主要的辅助材料？

答：主要包括小型支吊架、托盒、法兰阀门连接螺栓、垫片、生胶带、麻、铅、油、锯条、焊条、氧气、乙炔气等。

43. 阀门型号由哪七个单元组成？

答：分别是阀门的类别，驱动方式，连接形式，结构型式，密封圈或衬里材料，公称压力和阀体材料。

44. 采用铝和铝合金管道时要特别注意不能输送哪些介质？

答：采用铝和铝合金管道时要特别注意不能输送盐酸、碱液及氯离子的化合物。

45. 计算管材壁厚一般需考虑哪些因素？

答：管道的工作压力、管子直径、管材的机械性能、管子焊接质量。

46. 试述管工安全技术操作规程。

答：(1) 工作前，要检查工具是否完好，使用工具不能违章操作。

(2)管路土方施工要有防塌方安全技术措施，施工要竖立警示牌和警示灯，施工后及时回填。

(3)为用户检修水暖设施时，要做到文明施工。施工后，必须清理现场，并主动征求用户意见。

(4)检修压力容器或管道，要关闭控制阀，不许带压作业；在容器内工作时，要安排专人监护，工具材料不许随意抛扔；搬扛重物时，听从统一指挥，相互照应；管道、锅炉安装施工中，要严格执行操作规程。

47. 室内给水管道的布置方式有哪四种？

答：①下行上给式；②行下给式；③中行分给式；④环状式。

48. 管道保温的目的是什么？

答：保温即绝热，其目的是减少热损失，节约能源，防止冻结或冻坏管道及附件，防止烫伤操作人员，防止空气中的水蒸气凝结在低温管上，保持管外干燥，减少腐蚀等。

49. 架空管道的安装顺序是什么？

答：(1)按设计规定的坐标安装，测出支架上的支座安装位置。

(2)安装支座。

(3)根据吊装条件，在地面上先将管件及附件组成组合管段，再进行吊装。

(4)管子及管件的连接。

(5)试压和保温。

50. 什么叫电弧焊？

答：在焊条与焊件之间造成电弧，利用电弧所产生的热量将缝处金属和填充金属熔化，形成永久性接头的过程叫电弧焊。

51. 什么叫气焊?

答:利用助燃气体(氧气)与可燃气体通过气焊焊炬混合燃烧产生温度很高的火焰将焊件与焊丝熔化,并使熔化成液态的焊丝与焊件边缘熔合在一起,经冷却后形成永久性接头的过程叫气焊。

52. 管道施工图有哪些种类?

答:在民用和一般工业建筑中,按专业划分,管道施工图有给水、排水施工图,采暖施工图,通风空调施工图,动力管道施工图(热力管道,空压管道,燃气管道等),工艺管道施工图,仪表管道施工图等多种专业施工图。

53. 检查井设置有何要求?

答:井身材料大都是砖砌体,通常采用 75 号砖及 50 号水泥砂浆砌筑。在有地下水地区,外壁可抹 1∶2 水泥砂浆;在已成型的道路上,井盖与路面高度应尽量一致;在郊外农田内,井盖应比地面高出 10～20 cm。

54. 给水管道的材料是如何选用的?

答:给水管道应根据水质要求选用,生活饮用水应选用镀锌钢管、塑料管。管径不大于 150 m 时,可采用给水铸铁管、塑料管。所选用的钢管件应与要求的管件相适应。

55. 热水管道的安装有哪些要求?

答:(1)热水管道一般为明装,如建筑或工艺有特殊要求,也可暗装,但必须考虑安装及检修的方便。

(2)热水管道穿过建筑物顶棚、楼板、墙壁和基础处,均应加钢套管。

(3)膨胀管上不得安装阀门。

56. 无缝钢管的使用范围是什么?

答:无缝钢管一般使用在输送压力较高,严密性较强的中性介质管道,如蒸汽管道、氨制冷管道、压缩空气管道、氧气管道、乙炔管道、氢气管道及油管道等。

57. 阀门有哪些主要作用?

答:(1)启闭作用。切断或沟通管内流体的流动。

(2)调节作用。调节管内流体的流速。

(3)节流作用。使流体通过阀门后产生较大的阻力。

(4)限压作用。根据一定的因素自动启闭维持管路一定的压力。

58. 管道施工结束后如何组织有关人员清理现场？

答：施工结束后，将剩余管道、管件材料退回材料仓库，并有材料标识，同时将工机具进行维护及退回库；施工场地环境卫生及时清理。

59. 常用散热器的种类有哪些？

答：按材质分有铸铁散热器和钢制散热器。铸铁散热器按形状分为柱形和翼形，柱形有二柱形（即 M132 型）、四柱形、五柱形；翼形有长翼形、圆翼形。钢制散热器有无扁管散热器、钢串片散热器、闭式对流散热器、钢制板式散热器等。

60. 安装卫生器具有何注意事项？

答：卫生器具的安装一般是在室内装修工程施工之后，室内排水管道安装完毕、所留甩口位置正确后进行。卫生器具安装的工艺流程一般为：安装准备→卫生器具及配件检验→卫生器具的安装→卫生器具配件预装→卫生器具稳装→卫生器具与墙、地缝隙处理→卫生器具外观检查→清水和通水试验。卫生器具安装前，应检查外观，其安装高度应符合设计要求。允许偏差：单独器具±10 mm，成排器具±5 mm。连接卫生器具的排水管管径和最小坡度应符合设计要求。

61. 管钳如何使用？

答：使用管钳时，需两手动作协调，松紧合适，防止打滑。扳动管钳钳柄时，不要用力过大，更不允许在管钳上加套管。当钳柄末端高出使用者头部时，不得用正面拉吊的方式扳动钳柄。不得用于拧紧六角螺栓和带棱的工作，也不得将它作撬杠和锤子使用。管钳的钳口和链条上不应粘油，但在长期不用时应涂油保护。

62. 管道配管前应该具备哪些条件？

答：图纸等资料完备，包括图纸审核，平面图、单线图、流程图等审核，还需对材料表相互核对，发现问题，及时解决。另外，准备工机具，包括焊接设备、经校核的计量器具、烘干箱、保温箱、砂轮机、切割机、焊条保温桶等。

63. 室内给水系统的组成是什么？

答：室内给水系统通常由引入管、水表节点、干管、立管、横管、支管、卫生器具和用水设备等组成。此外，当室外管网中的水压不足时，还需设水泵和水箱等加压设备。

64. 看图识别管件，下图 1、3、4、16 分别是什么管件？

答：1 为弯头，3 为补芯，4 为三通，16 为丝堵。

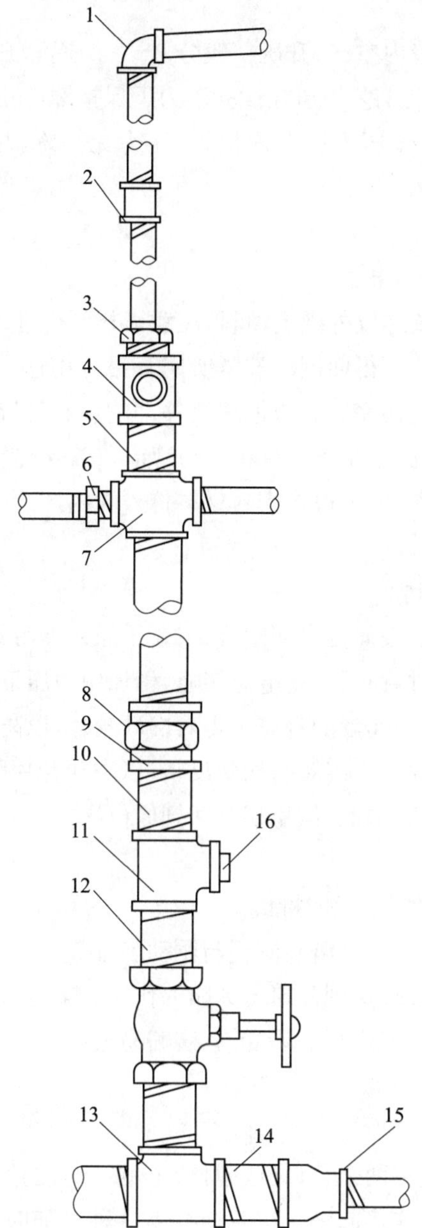

65. 室内给水系统如何分类？

答：室内给水系统按用途可分为三类：生活给水系统、生产给水系统和消防给水系统。三类给水系统在实际工程中不一定单独设置，可根据具体情况联合设置组成为：生活-生产、生产-消防、生活-消防、生活-生产-消防合并的给水系统。

66. 什么是螺纹连接？

答：螺纹连接又称为丝扣连接，是将管端加工的外螺纹与管路附件的内螺纹紧密连接。主要适用于焊接钢管的连接、某些螺纹阀类连接和某些螺纹连接的设备接管等。

67. 管道试压有何要求?

答:水压试验时,应排净管内空气,升压一般分 2～3 次逐渐升至试验压力,一般动力管道在试验压力下保持 5 min,化工工艺管道在试验压力下保持 20 min,压力无下降,无异常现象,强度试验才算合格;降压至工作压力后全面检查,压力无下降,焊缝和法兰等处无渗漏才算合格。

68. 碳钢管如何进行螺纹连接?

答:螺纹连接时,应在管纹螺纹外敷上填料,注意填料不得进入管内以免堵塞,用手将管件拧入后,再用管钳柄一次拧紧,不得回倒。拧紧所用管钳选用适当,不得在管钳柄上加套以增长手柄的方式来拧紧螺纹。连接完毕后应把螺纹外部的填料清除,重新装卸时不得使用原有填料,填料应重新更换。工作温度小于 2 000 ℃的管道,其螺纹接头(高压管除外)的密封材料宜选用聚四氟乙烯带或密封膏,但不得将密封材料拧入管内。

69. 如何使用砂轮切割机?

答:(1)先在被切割的管子表面画出切割线,把管子插入夹钳并夹紧。

(2)切割时握紧手柄压住按钮开关将电源接通,稍加用力压下砂轮片,即可进行摩擦切割。在操作过程中不得松开按钮,操作者的身体不得对准砂轮片,以防事故发生。

(3)砂轮片一定要正转(顺时针旋转),切勿反转,以防砂轮片飞出伤人。

(4)松开手柄按钮即可切断电源,停止切割回到原位。

70. 简述蝶阀的结构、工作原理和性能。

答:蝶阀主要由阀体、阀门板(阀瓣)、阀杆与驱动装置等组成。蝶阀的作用原理是:转动手柄通过齿轮带动阀杆及阀瓣旋转达到开启与关闭的作用。蝶阀结构紧凑简单、体积小、流体阻力小,具有切断和节流的性能,但密封面易受损、阀瓣易振动。

71. 什么是法兰连接?

答:法兰连接就是将固定在两个管口(或附件)上的一对法兰盘,中间加入垫圈,然后用螺栓拉紧密封,使管子(或附件)连接起来。法兰连接是一种可随时装卸接头。法兰连接使管道系统增加泄漏性和降低管道弹性,造价也较高。其优点是接合强度高,拆卸方便。

72. 如何识读工艺流程图?

答:首先了解标题栏和图例说明,了解工程名称,图纸张数,管道标注及管材、物料、仪表、设备等代号;然后了解设备的数量、名称和编号;再了解物料(介质)的来龙去脉,着重理清每一管线的来龙去脉、编号、规格,以及管路上的管件、阀门、控制点的部位、名称、编号、数量等。

73. 氧气、煤气、乙炔、石油等管道为什么要接地？

答：介质中的电解质相互摩擦或与金属摩擦时，如粉尘、气、液体电解质沿管道流动，以及从管道中抽出或注入容器时，将产生静电电荷，其产生的火花或引起易爆介质燃烧或爆炸形成危险，以上介质为易燃物质，为防止火灾和爆炸，要采取接地措施，消除静电电荷。

74. 使用钢丝绳起吊管子时，应注意哪些事项？

答：①起吊的管子不过长；②吊点位置应合理，保持吊钩与管子重心垂直线一致；③钢丝绳与管子重心垂直线的夹角不宜大于 45°；④起吊前应验算所用钢丝绳的最大许用力，并检查有无断股、损坏及表面腐蚀、死角及受压变形等现象；⑤在起吊回转半径内严禁站人和随意走动，操作人员应听从统一指挥。

75. 钳工工作包括哪些内容？

答： 钳工主要是利用手持工具对工件进行加工的工种，是机械制造中不可缺少的工种，基本操作有划线、錾削、锯削、锉削、钻孔、扩孔、铰孔、攻孔、套扣、刮削和研磨等。

76. 压缩空气管道安装的特殊要求是什么？

答：(1)多段压缩机每段进出口管材要适应压力要求，防止错用；

(2)接支管时，须从主管的上部接三通，干管应有顺流方向的坡度；

(3)管内必须干净，不得有切屑、熔渣残余物或其他脏物；

(4)管道最低点应设油水分离器或其他排放装置，车间内应根据需要和情况设置控制阀、减压装置、流量计、油水分离器、配气器等。

77. 室内排水系统分为哪几类？

答：①生活污水排水管道；②工业污(废)水排水管道；③房屋雨水排水管道。

78. 如何正确使用劳保用品？

答：应正确使用劳保用品，这是保证安全生产的重要前提。

(1)在进入施工现场时，必须戴好安全帽，穿好防护衣，正确使用安全帽并扣好帽带，不准把安全帽抛、扔或坐、垫。

(2)在配合高处作业时，应戴好安全帽，扎好安全带。不使用缺衬、缺带及破损的安全帽。

(3)在配合电气焊进行对口作业时，要戴好黑色护目镜或黄色护面罩。

(4)在电动机械类作业时，应穿好绝缘鞋，戴上绝缘手套，女工要戴好工作帽，将长发全部塞入工作帽内。

(5)在进行酸洗除锈或脱脂作业时，应戴橡胶手套、橡胶围裙、脚盖及口罩。

79. 如何识读采暖施工图?

答:首先清楚采暖供热方式,采暖工程的组成部分,采暖建筑设施的大体情况,采暖管道的布置、走向和敷设安装方式;然后弄通平面图和系统图,清楚管道的基本尺寸、标高、热媒引入管和回水管的位置及走向,散热器的安装结构、型式型号及组合情况,各种配件的安装位置等;再弄通节点图或大样图及标准图,弄清各种附件、管件的安装,管托、卡、架的制作与安装,管道的连接方法等;最后阅读文字说明或附注交代的技术条件和刷油、保温等其他施工要求。

80. 管道安装前应具备哪些条件?

答:与管道安装有关的土建工程已基本完工并经检验合格满足安装要求;与管道连接的设备已找正合格,固定完毕;管道安装前的清洗、脱脂、内防腐与衬里等工序已进行完毕;管阀件已检验合格,并具有技术证件,型号、规格、数量与设计要求无误。

81. 简述塑料管的煨弯方法。

答:塑料管的煨弯方法与碳钢管热弯基本相同。管内充砂为细砂且预先加热至 40～50 ℃,并常采用外径比待弯塑料管内径小 0.5～1 mm 的橡胶管装砂后再与待弯管接触,加热一般为间接加热,放入有自动温控的烘箱或电炉上加热,当达到一定柔软状态时,可取出煨弯,弯管一般是在胎具上进行,用冷水冷却,促进成型。

82. 管口翻边有哪几种方法?

答:管口翻边有手工法、冲挤法和使用车床翻边法。

83. 水暖维修作业工作流程是什么?

答:①维修、抢修前必须穿戴好合格的劳保防护用品。②进行维修操作前,要带齐各种工具、配件。③到达维修现场,应首先分析各种管网的通路情况和各阀门的控制范围,以确保开关阀门的准确,避免误操作。④准备好照明设备。⑤维修上水管路及设备时,应做好防漏措施和泄水工作。⑥清掏污水井、化粪池时,要在明显位置设置安全标识牌,防止行人掉入。⑦对井盖要定期巡查,破损的及时更换。

84. 水龙头的安装步骤是什么?

答:首先将总水闸关闭,使用工具将旧的龙头向反方向转动拆卸下;其次不要马上将新水龙头装上,由于水龙头使用久了会积累泥沙,要先把水管内的泥沙清除掉,以免堵塞;然后在水龙头的螺纹部位利用生料带绕几圈,避免水龙头漏水;最后将龙头按正方向旋到水管上即可。

具体安装步骤如下:①将软管连接上水龙头,要先将软管插入水龙头口中,用手拧紧,再尝试拉一下,看看是否牢固,然后将其他配件固定到水龙头上。②固定水龙头,要将装好的软管穿过台盆,用配件固定好,再尝试看看水龙头与台盆是否连接紧密,无松动,然后用螺栓拧紧。③连接进水口,将台盆放到指定的位置,再将软管的另一端和进水管接口连接起来。但是在接管时，要分冷热水，左边是热水、右边是冷水。这样水龙头安装就完成。

85. 使用电动工具时应注意哪些事项？

答：电动工具的电源线应采用橡胶护套软线，且不得有破皮现象，插头应采用带接地线的插头。使用前应检查电源是否与铭牌规定相符。使用时，应在空载情况下启动，操作人员应戴绝缘手套和穿绝缘胶鞋，发生故障时，应及时进行修理，但不得在停止转动前进行，长时间未使用的电动工具在使用时应用兆欧表检查其绝缘电阻。使用后应将工具清理干净放置在干燥、清洁的地方。

86. 简述阀门的检查与修理。

答：把阀门固定在检修工作台上，把大盖拆下，进行检查，看阀体内外表面有无砂眼、粘砂、氧化皮、毛刺、缩孔及裂纹；阀座与阀壳体接合是否牢固，有无松动、脱落等；阀芯与阀座是否吻合；密封面有无缺陷；阀杆与阀芯连接是否灵活可靠，阀杆有无弯曲，螺纹有无损坏；阀托与填料压盖是否适当；阀盖法兰的结合情况；填料、垫料、螺栓的材质是否符合使用要求；阀门驱动机构及启闭是否灵活等。发现缺陷，应进行加工，如研磨、换垫片、填料（盘根）等。

87. 如何组对一组四片的四柱 800 型散热器？组对过程中常见事故如何预防和处理？

答：操作方法：选择散热器、丝对和垫片，并检查和清除散热器连接口密封面和接孔螺纹及腔内的杂物。准备两把钥匙，制作组装架，将散热片平放在木架上，正扣朝上，用两个丝对的正扣分别拧入散热片两接口 1～2 扣，将环形密封垫套入丝对中。再将另一散热片的反扣分别对准两丝对，用两把钥匙分别从上面散热片的两孔插入，方头正好卡住丝对内部的凸缘，顺时针旋转钥匙，使丝对跟着旋转，两散热片即随着靠紧而达到密封要求，如此再组对第三片、第四片。

常见事故的预防和处理：旋转钥匙要同时进行，轮换进行时每个钥匙旋转不超过两圈。以防止一头进得多一头进得少而卡住，应将丝对退出几扣后再拧动，不得强力用劲，以免造成丝对断裂，如果丝对断裂，应拆开重换丝对。

88. 坐便器如何安装？

答：（1）检查排污管道与地面水平度。在安装坐便器前应先对排污管道进行全面检查，观察管道内是否有泥砂、废纸等杂物堵塞，同时检查坐便器安装位的地面前后左右是否水平，如发现地面不平，在安装时应将地面找平。

（2）确定排污管中心。翻转坐便器，在坐便器排污口上确定中心，并画出十字中心线，中心线应延伸到坐便器底部四周脚边。

（3）固定坐便器。将坐便器上的孔位与地面排污口的十字线对准，保持水平安装坐便器，并用力压紧密封圈。

（4）做好底部密封。在坐便器排污口上安装好专用密封圈，或在四周打上一圈玻璃胶。

(5)安装水箱配件。放水 3～5 min 冲洗管道,以保证自来水管的清洁,再安装角阀和连接软管,然后将软管与安装的水箱配件进水阀连接并按通水源。

(6)调试检验。检查进水阀进水及密封是否正常,检查排水阀安装位置是否灵活,有无卡阻及渗漏,有无漏装进水阀过滤装置等。

89. 水表如何安装?

答:①选择正确的水表口径。②水平安装,表面朝上,表壳上箭头方向与水流方向相同。新管道需把管道内杂物冲洗干净再安装水表,以免造成水表故障。③在水表的上下游应安装阀门,使用时应确保全部打开。④水表上下游要安装必要的直管。⑤水表下游管道出水口高于水表 0.5 m 以上,以防水表因管道内水流不足引发计量不准确。

90. 阀门如何安装?

答:(1)阀门的安装位置、高度、进出口方向必须符合设计要求,连接应牢固紧密。

(2)阀门可用各种形式的端部与管路连接。其中最主要的连接方式有螺纹、法兰及焊接连接。法兰连接时,若温度超过 350 ℃时,由于螺栓、法兰和垫片蠕变松弛,应选择耐高温螺栓材料。

(3)阀门安装前必须进行外观检查,阀门的铭牌应符合现行国家标准 GB/T 12220《工业阀门　标志》的规定。对于工作压力大于 1.0 MPa 及在主干管上起到切断作用的阀门,应进行强度和严密性试验,合格后方准使用。其他阀门可不单独进行试验,待在系统试压中检验。

(4)强度试验时,试验压力为公称压力的 1.5 倍,持续时间不少于 5 min,阀门的壳体、填料应无渗漏。

(5)严密性试验时,试验压力为公称压力的 1.1 倍;试验压力在试验持续的时间内应保持不变,以阀瓣密封面无渗漏为合格。

91. 室内给水系统的作用是什么?

答:室内给水系统的作用是把水从室外管网引入室内,在保证需要的水压和满足用户对水质要求的情况下,输送足够的水量到各种卫生器具、配水嘴、生产设备和消防设备等各用水点。

92. PPR 管道熔接工艺如何操作?

答:管道熔接前,量好安装长度。量长度要准确,牢记接套管的深度,利用专用剪刀或细金属锯削断管材。把管端各切去 4～5 cm(因为端部可能受损)。用一个自调式聚熔焊机把管材和管件连接在一起,温度为 260 ℃。焊机接通电源(220 V)并等待片刻,当红灯时,则说明已达到焊接温度,可开始工作。焊接方法:①管件和接头的表面要保证平整、清洁和无油。②在管道插入深度处做记号(等于接头的套入深度)。③把整个嵌入深度加热,包括管材和管件,在焊接工具上进行。④当加热时间完成后,把管道平稳而均匀地推入管件中,形成牢固而完美的结合。⑤由于材料重量轻,有挠曲性,所有焊接可在工作台进行,节省工时。⑥有时要在墙内进行某些连接,要注意留有足够的操作空间。

93. 室内排水系统的作用是什么?

答:室内排水系统接纳、汇集建筑物内多种卫生器具及用水设备排放的污(废)水,以及屋面的雨、雪水,并在满足排放要求的条件下,排入室外排水管网。

94. 安装散热器的注意事项有哪些?

答:(1)在平台上组对散热器时,用对丝钥匙拧紧,用力要缓慢均匀。应设专人扶住正在组对过程中的散热器。用小车运送散热器组对,应防止散热器从车上掉下来砸伤工人。

(2)带足的散热器安装中,如果出现高低不平,严禁垫砖石木块,可以用锉刀锉平找正,必要时也可用垫铁找正。

(3)散热器组对后,用木方分层垫平,要轻搬轻放,防止扭曲破坏丝扣造成漏水。

(4)散热器安装后,严禁出现气袋或水袋,造成散热器不热。

(5)散热器组装前应严格除锈,清理污物,组对及试压后应严防污物堵塞散热器内腔,防止散热器安装后不热或冷热不均。

95. 管道配管前需做哪些准备工作?

答:准备工作包括技术准备,图纸审核,设计交底,材料准备,材料计划及材料检验,工机具及施工场地准备,合格的管工及焊工。因钛管焊接要求高,可以在施工现场进行预制的钛管组件,应尽量在地面进行预制。搭设预制工作棚两个。地面打扫后铺干净橡胶板,上面再铺一层木跳板或枕木,按类逐根摆放,严禁与碳钢直接接触。材料及半成品需按类摆放,避免污染、挤压。其位置应选择在离安装位置较近处。

96. 对管子、管件、阀门的检验包含什么?

答:管子、管件、阀门采购后,必须有制造厂的质量证明文件和合格证明书,其指标应符合设计及其指定的规范和标准的要求。管子、管件、阀门经核对其规格、型号、材质是否符合设计要求后,应进行外观检查,要满足以下要求:无裂纹、缩孔、夹渣、折叠、重皮等缺陷;无超过壁厚负偏差的锈蚀或凹陷;法兰密封面应平整光洁,不得有毛刺及径向沟槽;阀门须逐个进行壳体压力试验和密封试验,不合格者不得使用。阀门的壳体试验压力不得小于公称压力的 1.5 倍,试验时间不少于 5 min,以壳体填料无渗漏为合格,以阀瓣密封面不漏为合格。经试验合格后的阀门,须填写阀门试验记录。

97. 管道试压、吹扫阶段的注意事项有哪些?

答: 管道试压吹扫时,试压吹扫方案已经获得批准。同时,管道系统经外观、尺寸检查及无损检验合格后,应做液压强度试验,其试验介质为洁净水。管道试压时,按照批准的方案进行管端封堵,管道系统最高点设排气阀,最低点设排水阀,试验用压力表应经校验合格,且在有效期内，其精度不得低于1.5级，表满刻度值为最大被测压力的1.5～2倍，压力表不得少于两块，在起点及末端各设一块压力表。管路中各阀门打开，确认系统充满水后，关掉排气阀，用泵给系统加压进行试验。升压过程不能过快，当试验压力升至要求的试验压力时，停止加压，进行系统检查。压力规定时间降低不超过允许的压力范围为合格。试验系统合格后，排尽管道内的水，但不得随意排放，并应防负压。当试压合格后，用压缩空气吹干管内积水。管道吹扫时，应按系统分别采用压缩空气进行。

98. 管道中间安装阀门步骤是什么？

答：(1)两管段连接的管端，应预先套短螺纹。

(2)将其中一管段的带螺纹的管端固定在台虎钳上，使螺纹端离台虎钳100 mm左右，并缠好填充材料。

(3)操作者用手使阀门螺纹与管端螺纹带扣，再用管钳夹住靠管端螺纹的阀门端部，按顺时针方向拧紧阀门。

(4)在另一管段的带螺纹端，缠好填充材料，并与台虎钳上已连接好的阀门带扣。

(5)一人首先用管钳夹住已经拧紧的阀门的一端，另一人再用管钳拧所需拧紧的管段。前一人始终保持阀门位置不变，后一人按前述方法慢慢拧紧管段。

99. 闸阀的优缺点是什么？

答：闸阀的优点是：流体阻力小，安装时不必考虑介质流动的方向，阀件所占长度较小。闸阀可用于全启全闭的场合，也可作调节用。明杆闸阀可从阀杆的升降高低观察出阀的开启度。

闸阀的缺点是：闸板易被流动介质擦伤影响密封性能，而密封面又不易检修。另外，其安装高度高，在狭窄的空间，明杆闸阀需考虑阀门开启时伸出阀杆手轮的高度。

100. 简述截止阀的特点及使用范围。

答：截止阀特点是：结构简单，可以调节流量，启闭容易，制造和维修方便，但流体阻力大，且只能单向流动。使用范围较广，广泛应用于高、中、低压管道，常用于蒸气等气体介质管路，可作全启全闭操作。

S1　钢管切断套丝

一、考核准备

(一)材料准备

准备钢管,尺寸如下图所示(单位：mm)。

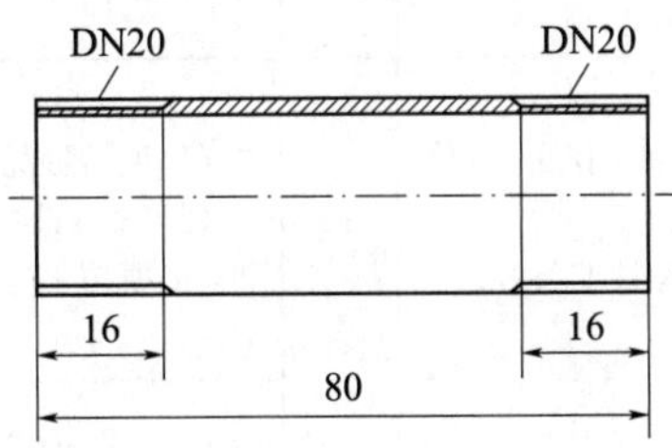

(二)设备、工具准备

准备铰板、手锯、钢卷尺、管子台虎钳。

(三)考场准备

考场符合安全技术施工要求。

二、考核内容及要求

(一)考核内容

1. 穿好劳保服装,备齐劳动工具。

2. 设施、现场整洁,物品摆放有序,考试准备规范,选用材料正确。

3. 按安全技术操作规范施工,按技术要求自检产品,做好标记。

4. 切断长度正确,允许偏差±2 mm,管口端面与管子轴线应垂直,切口端面倾斜偏差最大为管子直径的1%,但不得超过2.5 mm。

5. 口内外无毛刺,切口边缘整齐,允许偏差±2 mm。

6. 螺纹光滑无毛刺,断面纹不完整纹全长累计不应大于1/3圈,螺纹牙高减少不应大于其高度的1/5。

7. 锥度正确,与管件配合良好,无松动和卡涩现象。

(二)考核时限

工时额定15 min。

职业技能等级认定
管道工初级工实作技能考核评分记录表

单位：　　　　姓名：　　　　性别：　　　准考证号：　　　　　　　　工种：　　　　级别：

试题名称：钢管切断套丝　　　　　　　　　　　　　　　　　　　　　　考核时间：15 min

操作开始时间：　时　　分　　　　　　　　　操作结束时间：　时　　分

序号	考核内容	考核要求	配分	评分标准	实测	得分
1	工作前准备	(1)劳保着装； (2)工具准备	10	(1)劳保着装不符合要求扣5分； (2)工具准备不符合要求每项扣2分		
2	物料、设施准备	(1)设施、现场整洁，物品摆放有序； (2)选用材料正确，考核准备规范	10	(1)现场脏乱每处扣1分； (2)材料选择不合理及准备工作不当，每项扣4分		
3	工作内容	切断长度正确，允许偏差±2 mm，管口端面与管子轴线应垂直，切口端面倾斜偏差最大为管子直径的1%，但不得超过2.5 mm	20	(1)切断长度超过允许偏差0.5 mm扣2分，超1 mm扣4分，依此类推； (2)切口端面倾斜偏差超过允许极限0.5 mm扣2分，超1 mm扣4分，依此类推		
		口内外无毛刺，切口边缘整齐，允许偏差±2 mm	10	口内外不光滑、切口边缘不齐超差0.5 mm扣2分，超差1 mm扣4分，依此类推		
		螺纹光滑无毛刺，断面不完整螺纹全长累计不应大于1/3圈，螺纹牙高减少不应大于其高度的1/5	20	螺纹不光滑有毛刺视其情节扣1～10分，断面不完整螺纹大于1/3圈，螺纹牙高减少大于其高度的1/5视其情节扣1～10分		
		锥度正确，与管件配合良好，无松动和卡涩现象	15	与管件配合有松动和卡涩现象，视其情节扣1～15分		
		工时定额15 min	5	提前不加分，每超过规定时间30 s扣1分		
4	安全文明生产，工程质量检验	(1)按安全技术操作规范施工； (2)严格按要求自检产品并做好标记	10	(1)每违反1次安全技术操作规定扣5分； (2)对自检产品每出现1次错误扣5分		

考评员签名：　　　　　　　　　　　　　被鉴定人签名：　　　　　　　　年　　月　　日

S2　钢管冷弯 90°弯

一、考核准备

(一)材料准备

准备钢管,尺寸如下图所示(单位：mm)。

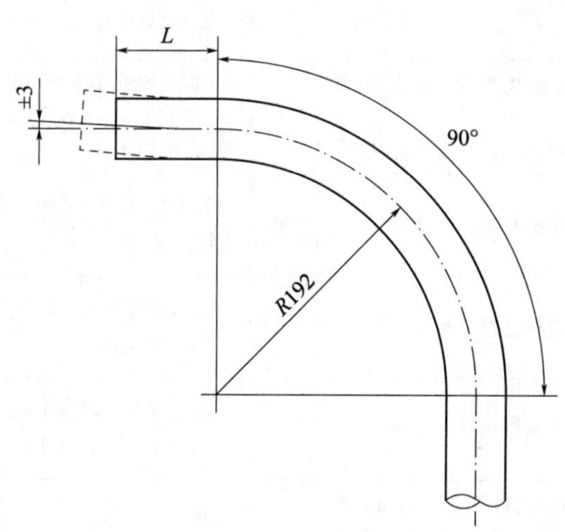

(二)设备、工具准备

准备钢卷尺、手锯、弯管模具。

(三)考场准备

考场符合安全技术施工要求。

二、考核内容及要求

(一)考核内容

1. 穿好劳保服装,备齐劳动工具。
2. 设施、现场整洁,物品摆放有序,考试准备规范,选用材料正确。
3. 按安全技术操作规范施工,按技术要求自检产品,做好标记。
4. 弯管椭圆度超差不得超过 1%。
5. 减薄率不得超过原壁厚的 15%。
6. 折皱不平度不得超过 3 mm。
7. 角度应正确,允许偏差±3 mm;直管 L 大于 3 m,其总偏差不得大于 10 mm。

(二)考核时限

工时定额 40 min。

职业技能等级认定
管道工初级工实作技能考核评分记录表

单位： 姓名： 性别： 准考证号： 工种： 级别：

试题名称：钢管冷弯 90°弯 考核时间：40 min

操作开始时间： 时 分 操作结束时间： 时 分

序号	考核内容	考核要求	配分	评分标准	实测	得分
1	工作前准备	(1)劳保着装； (2)工具准备	10	(1)劳保着装不符合要求扣 5 分； (2)工具准备不符合要求每项扣 2 分		
2	物料、设施准备	(1)设施、现场整洁，物品摆放有序； (2)选用材料正确，考核准备规范	10	(1)现场脏乱每处扣 1 分； (2)材料选择不合理及准备工作不当，每项扣 4 分		
3	工作内容	弯管椭圆度超差不得超过 1%	20	椭圆度超差 1%扣 2 分，超差 2%扣 4 分，依此类推		
		减薄率不得超过原壁厚的 15%	15	减薄率超差 1%扣 2 分，超差 2%扣 4 分，依此类推		
		折皱不平度不得超过 3 mm	20	折皱不平度超差 1 mm 扣 2 分，超差 2 mm 扣 4 分，依此类推		
		角度应正确，允许偏差±3 mm；直管 L 大于 3 m，其总偏差不得大于 10 mm	10	超差 1 mm 扣 2 分，超差 2 mm 扣 4 分，依此类推		
		工时定额 40 min	5	提前不加分，每超过规定时间 1 min 扣 1 分		
4	安全文明生产，工程质量检验	(1)按安全技术操作规范施工； (2)严格按要求自检产品并做好标记	10	(1)每违反 1 次安全技术操作规定扣 5 分； (2)对自检产品每出现 1 次错误扣 5 分		

考评员签名： 被鉴定人签名： 年 月 日

S3 安装 DN25 阀门(截止阀)活接、弯头

一、考核准备

(一)材料准备

准备钢管、三通、活接、弯头、阀门，如图所示(单位：mm)。

(二)设备、工具准备

准备管钳、手锯、钢卷尺、铰板、管子台虎钳。

(三)考场准备

考场符合安全技术施工要求。

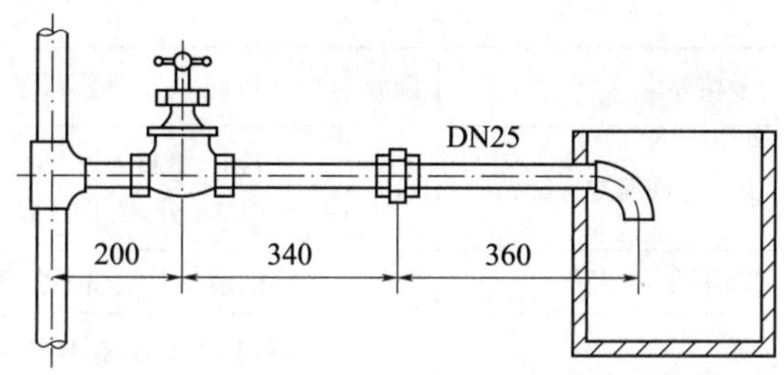

二、考核内容及要求

（一）考核内容

1. 穿好劳保服装，备齐劳动工具。
2. 设施、现场整洁，物品摆放有序，考试准备规范，选用材料正确。
3. 按安全技术操作规范施工，按技术要求自检产品，做好标记。
4. 阀门安装其阀杆应安装在上半周，阀杆轴线夹角不应大于 30°。
5. 管螺纹加工必须保证螺纹端正、光滑无毛刺、不掉丝、不乱扣，与阀件、管件配合良好，无卡涩现象。
6. 保证连接尺寸，允许偏差±5 mm。
7. 阀门安装方向不允许装反。
8. 材料工具配备齐全，操作熟练。

（二）考核时限

工时定额 1.4 h。

职业技能等级认定
管道工初级工实作技能考核评分记录表

单位：　　　　姓名：　　　　性别：　　　　准考证号：　　　　　　　工种：　　　　级别：

试题名称：安装 DN25 阀门（截止阀）活接、弯头　　　　　　　　　　　　考核时间：1.4 h

操作开始时间：　　时　　分　　　　　　　　　　操作结束时间：　　时　　分

序号	考核内容	考核要求	配分	评分标准	实测	得分
1	工作前准备	（1）劳保着装； （2）工具准备	10	（1）劳保着装不符合要求扣 5 分； （2）工具准备不符合要求每项扣 2 分		
2	物料、设施准备	（1）设施、现场整洁，物品摆放有序； （2）选用材料正确，考核准备规范	10	（1）现场脏乱每处扣 1 分； （2）材料选择不合理及准备工作不当，每项扣 4 分		
3	工作内容	阀门安装其阀杆应安装在上半周，阀杆轴线夹角不应大于 30°	20	阀杆安装夹角大于 30°扣 5～10 分		
		管螺纹加工必须保证螺纹端正，光滑无毛刺、不掉丝、不乱扣，与阀件、管件配合良好，无卡涩现象	20	管螺纹因加工质量不好，与管件、阀件配合不良，视其程度扣 5～10 分，有卡涩现象视其程度扣 5～10 分		

续表

序号	考核内容	考核要求	配分	评分标准	实测	得分
3	工作内容	保证连接尺寸,允许偏差±5 mm	10	连接尺寸超差 2 mm 扣 2 分,超差 4 mm 扣 4 分,依此类推		
		阀门安装方向不允许装反	10	阀门装反总成绩不合格		
		材料工具配备齐全,操作熟练	5	材料、工具配备不齐、操作不熟练酌情扣 1～5 分		
		工时定额 1.4 h	5	提前不加分,每超过规定时间 3 min 扣 1 分		
4	安全文明生产,工程质量检验	(1)按安全技术操作规范施工; (2)严格按要求自检产品并做好标记	10	(1)每违反 1 次安全技术操作规定扣 5 分; (2)对自检产品每出现 1 次错误扣 5 分		

考评员签名:　　　　被鉴定人签名:　　　　年　月　日

S4　给水铸铁管漏水处理

一、考核准备

(一)材料准备

准备给水铸铁管、钢板、螺栓、螺母、螺垫、平板橡胶,如图所示。

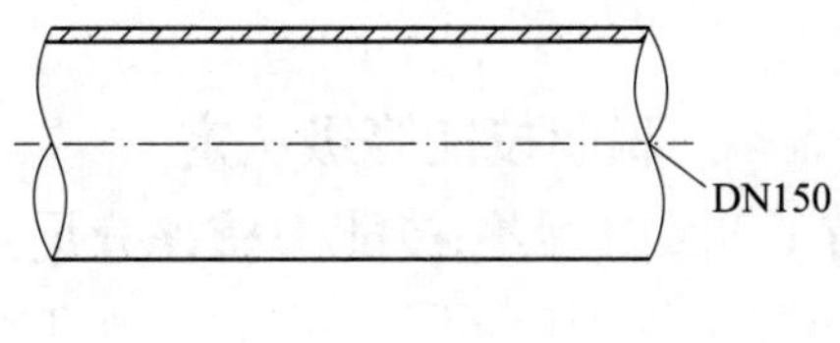

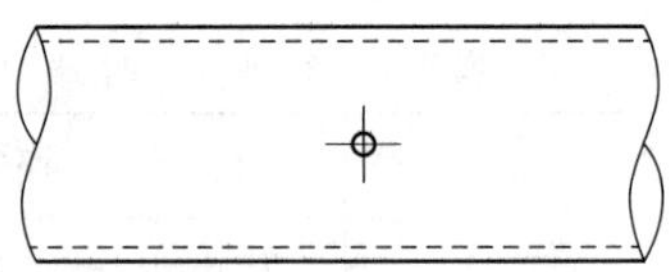

(二)设备、工具准备

准备活扳手、手锤、台虎钳、凿子、钢卷尺。

(三)考场准备

考场符合安全技术施工要求。

二、考核内容及要求

(一)考核内容

1. 穿好劳保服装,备齐劳动工具。

2. 设施、现场整洁,物品摆放有序,考试准备规范,选用材料正确。

3. 按安全技术操作规范施工，按技术要求自检产品，做好标记。

4. 正确选择处理步骤和方法。

5. 正确选择处理漏泄所需材料。

6. 下料长度允许偏差±10 mm。

7. 处理后应不渗不漏。

(二)考核时限

工时定额 1 h。

职业技能等级认定

管道工初级工实作技能考核评分记录表

单位：　　　　姓名：　　　　性别：　　　　准考证号：　　　　　　　工种：　　　　级别：

试题名称：给水铸铁管漏水处理　　　　　　　　　　　　　　　　考核时间：1 h

操作开始时间：　时　分　　　　　　　　操作结束时间：　时　分

序号	考核内容	考核要求	配分	评分标准	实测	得分
1	工作前准备	(1)劳保着装； (2)工具准备	10	(1)劳保着装不符合要求扣 5 分； (2)工具准备不符合要求每项扣 2 分		
2	物料、设施准备	(1)设施、现场整洁，物品摆放有序； (2)选用材料正确，考核准备规范	10	(1)现场脏乱每处扣 1 分； (2)材料选择不合理及准备工作不当，每项扣 4 分		
3	工作内容	正确选择处理步骤和方法	10	选择步骤方法不当扣 1～10 分		
		正确选择处理漏泄所需材料	15	选择材料不正确扣 1～10 分		
		下料长度允许偏差±10 mm	20	下料长度超差 5 mm 扣 2 分，超差 10 mm 扣 10 分，依此类推		
		处理后应不渗不漏	20	处理后漏泄总成绩不合格		
		工时定额 1 h	5	提前不加分，每超过规定时间 2 min 扣 1 分		
4	安全文明生产，工程质量检验	(1)按安全技术操作规范施工； (2)严格按要求自检产品并做好标记	10	(1)每违反 1 次安全技术操作规定扣 5 分； (2)对自检产品每出现 1 次错误扣 5 分		

考评员签名：　　　　　　　　　　被鉴定人签名：　　　　　　　　　　年　　月　　日

S5　来回弯样板制作

一、考核准备

(一)材料准备

准备 ϕ8 mm 钢筋或 δ=0.8 mm 钢板，如图所示(单位：mm)。

(二)设备、工具准备

准备手锯、钢卷尺、手锤。

(三)考场准备

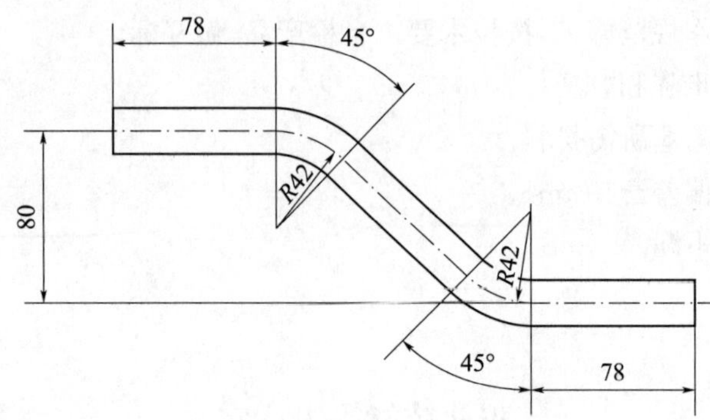

考场符合安全技术施工要求。

二、考核内容及要求

(一)考核内容

1. 穿好劳保服装,备齐劳动工具。
2. 设施、现场整洁,物品摆放有序,考试准备规范,选用材料正确。
3. 按安全技术操作规范施工,按技术要求自检产品,做好标记。
4. 弯曲角度正确,允许偏差±2°。
5. 两管中心线应平行,允许偏差±1.5 mm。
6. 下料长度允许偏差±2 mm。

(二)考核时限

工时定额 30 min。

职业技能等级认定
管道工初级工实作技能考核评分记录表

单位:　　姓名:　　性别:　　准考证号:　　工种:　　级别:

试题名称:来回弯样板制作　　考核时间:30 min

操作开始时间:　　时　　分　　操作结束时间:　　时　　分

序号	考核内容	考核要求	配分	评分标准	实测	得分
1	工作前准备	(1)劳保着装; (2)工具准备	10	(1)劳保着装不符合要求扣5分; (2)工具准备不符合要求每项扣2分		
2	物料、设施准备	(1)设施、现场整洁,物品摆放有序; (2)选用材料正确,考核准备规范	10	(1)现场脏乱每处扣1分; (2)材料选择不合理及准备工作不当,每项扣4分		
3	工作内容	弯曲角度正确,允许偏差±2°	25	弯曲角度每超差1°扣2分		
		管中心线应平行,允许偏差±1.5 mm	25	每超差0.5 mm扣2分		
		下料长度允许偏差±2 mm	15	下料长度超差5 mm扣2分,超差10 mm扣10分,依此类推		
		工时定额30 min	5	提前不加分,每超过规定时间1 min扣1分		

续表

序号	考核内容	考核要求	配分	评分标准	实测	得分
4	安全文明生产，工程质量检验	(1)按安全技术操作规范施工； (2)严格按要求自检产品并做好标记	10	(1)每违反1次安全技术操作规定扣5分； (2)对自检产品每出现1次错误扣5分		

考评员签名：　　　　　　　　　　被鉴定人签名：　　　　　　　　　　年　　月　　日

S6　夹环(活动支架零件)制作

一、考核准备

(一)材料准备

准备 ϕ10 mm 钢筋，如图所示(单位：mm)。

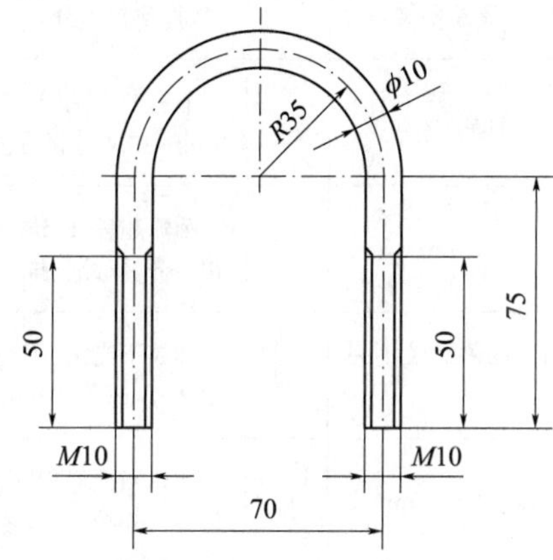

(二)设备、工具准备

准备手锯、手锤、老虎钳、板牙。

(三)考场准备

考场符合安全技术施工要求。

二、考核内容及要求

(一)考核内容

1. 穿好劳保服装，备齐劳动工具。
2. 设施、现场整洁，物品摆放有序，考试准备规范，选用材料正确。
3. 按安全技术操作规范施工，按技术要求自检产品，做好标记。
4. 下料长度正确，允许偏差±2 mm。
5. 圆弧正确，允许偏差±1 mm。
6. 螺纹要光滑无毛刺，两侧螺纹不完整不超过2扣。

7. 切口断面倾斜不得超过 1.5 mm。

(二)考核时限

工时定额 30 min。

职业技能等级认定
管道工初级工实作技能考核评分记录表

单位：　　　　姓名：　　　　性别：　　　　准考证号：　　　　　　　　工种：　　　　级别：

试题名称：夹环(活动支架零件)制作　　　　　　　　　　　　　　　　　　　考核时间：30 min

操作开始时间：　　时　　分　　　　　　　　　　操作结束时间：　　时　　分

序号	考核内容	考核要求	配分	评分标准	实测	得分
1	工作前准备	(1)劳保着装； (2)工具准备	10	(1)劳保着装不符合要求扣 5 分； (2)工具准备不符合要求每项扣 2 分		
2	物料、设施准备	(1)设施、现场整洁，物品摆放有序； (2)选用材料正确，考核准备规范	10	(1)现场脏乱每处扣 1 分； (2)材料选择不合理及准备工作不当，每项扣 4 分		
3	工作内容	下料长度正确，允许偏差±2 mm	20	下料长度超差 1 mm 扣 2 分，超差 2 mm 扣 4 分，依此类推		
		圆弧正确，允许偏差±1 mm	15	圆弧超差 1 mm 扣 2 分，超差 2 mm 扣 4 分，依此类推		
		螺纹要光滑无毛刺，两侧螺纹不完整不超过 2 扣	20	螺纹不光滑、不完整，螺纹超差 1 mm 扣 2 分，超差 2 mm 扣 4 分，依此类推		
		切口断面倾斜不得超过 1.5 mm	10	切口断面倾斜超差 1 mm 扣 2 分，超差 2 mm 扣 4 分，依此类推		
		工时定额 30 min	5	提前不加分，每超过规定时间 1 min 扣 1 分		
4	安全文明生产，工程质量检验	(1)按安全技术操作规范施工； (2)严格按要求自检产品并做好标记	10	(1)每违反 1 次安全技术操作规定扣 5 分； (2)对自检产品每出现 1 次错误扣 5 分		

考评员签名：　　　　　　　　　　　　被鉴定人签名：　　　　　　　　　　年　　月　　日

S7　铸铁管灌捻铅口

一、考核准备

(一)材料准备

准备 DN100 铸铁管、铅、麻、黏泥，如图所示。

(二)设备、工具

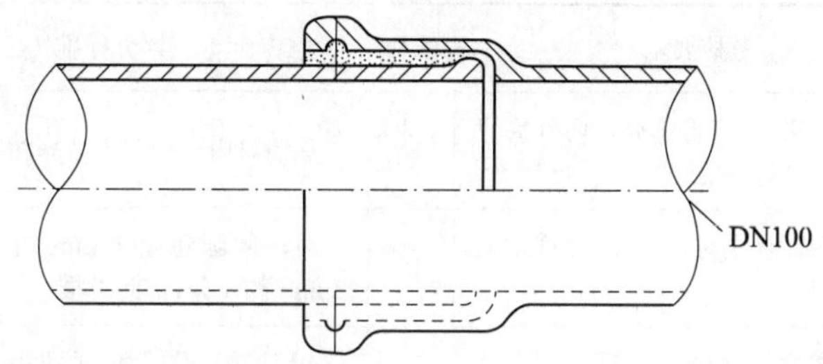

准备铅锅、手锤、捻口凿。

(三)考场准备

考场符合安全技术施工要求。

二、考核内容及要求

(一)考核内容

1. 穿好劳保服装,备齐劳动工具。
2. 设施、现场整洁,物品摆放有序,考试准备规范,选用材料正确。
3. 按安全技术操作规范施工,按技术要求自检产品,做好标记。
4. 铅口连接时,应将承插口内外沥青清除后,用钢丝刷擦光。
5. 正确选择直线对口间隙,允许偏差±1 mm。
6. 正确掌握填油麻、青铅深度,允许偏差±2 mm。
7. 接口面凹入承口边缘的深度不得大于 2 mm。
8. 正确选择工具材料。

(二)考核时限

工时定额 30 min。

职业技能等级认定
管道工初级工实作技能考核评分记录表

单位：　　　　姓名：　　　　性别：　　　　准考证号：　　　　工种：　　　　级别：

试题名称:铸铁管灌捻铅口　　　　考核时间:30 min

操作开始时间：　时　分　　　　操作结束时间：　时　分

序号	考核内容	考核要求	配分	评分标准	实测	得分
1	工作前准备	(1)劳保着装; (2)工具准备	10	(1)劳保着装不符合要求扣 5 分; (2)工具准备不符合要求每项扣 2 分		
2	物料、设施准备	(1)设施、现场整洁,物品摆放有序; (2)选用材料正确,考核准备规范	10	(1)现场脏乱每处扣 1 分; (2)材料选择不合理及准备工作不当,每项扣 4 分		

续表

序号	考核内容	考核要求	配分	评分标准	实测	得分
3	工作内容	铅口连接时，应将承插口内外沥青清除后，用钢丝刷擦光	10	承插口内外清理不洁净扣1～15分		
		正确选择直线对口间隙，允许偏差±1 mm	10	对口间隙超差1 mm扣2分，超差2 mm扣4分，依此类推		
		正确掌握填油麻、青铅深度，允许偏差±2 mm	20	填油麻、青铅深度超差1 mm扣2分，超差2 mm扣4分，依此类推		
		接口面凹入承口边缘的深度不得大于2 mm	20	接口面凹入承口边缘的深度超差1 mm扣2分，超差2 mm扣4分，依此类推		
		正确选择工具材料	5	达不到规定要求酌情扣1～5分		
		工时定额30 min	5	提前不加分，每超过规定时间1 min扣1分		
4	安全文明生产，工程质量检验	(1)按安全技术操作规范施工； (2)严格按要求自检产品并做好标记	10	(1)每违反1次安全技术操作规定扣5分； (2)对自检产品每出现1次错误扣5分		

考评员签名：　　　　　　　　被鉴定人签名：　　　　　　　　年　　月　　日

S8　组对60型散热器

一、考核准备

(一)材料准备

准备60型铸铁散热器、对丝、丝堵等，如图所示(单位：mm)。

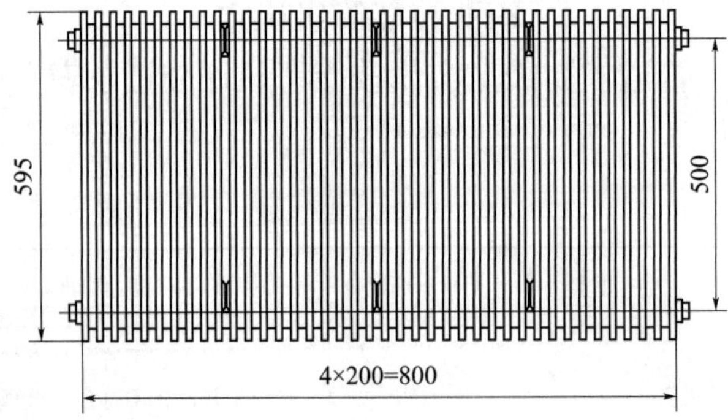

(二)设备、工具准备

准备管钳、散热器钥匙。

(三)考场准备

考场符合安全技术施工要求。

二、考核内容及要求

(一)考核内容

1. 穿好劳保服装,备齐劳动工具。

2. 设施、现场整洁,物品摆放有序,考试准备规范,选用材料正确。

3. 按安全技术操作规范施工,按技术要求自检产品,做好标记。

4. 散热器检查,清除污垢及锈蚀,将内部的铁渣等杂物清除干净。

5. 散热器的翼片应保持完整,每片顶部掉翼数最多只允许一个,其长度不大于 50 mm;侧面掉翼数不得超过两个,其累计长度不大于 200 mm。

6. 组对散热器,平直紧密垫片不得露出颈外,全长弯曲允许 4 mm。

7. 进行压力为 0.6 MPa 的水压试验,3 min 不漏不渗为合格。

8. 刷防锈漆、银粉各一遍,漆层均匀、附着牢固、涂层完整。

(二)考核时限

工时定额 3 h。

职业技能等级认定
管道工初级工实作技能考核评分记录表

单位：　　　　姓名：　　　　性别：　　　　准考证号：　　　　　　工种：　　　　级别：

试题名称:组对 60 型散热器　　　　　　　　　　　　　　　　　　考核时间:3 h

操作开始时间：　　时　　分　　　　　　　　　　操作结束时间：　　时　　分

序号	考核内容	考核要求	配分	评分标准	实测	得分
1	工作前准备	(1)劳保着装; (2)工具准备	10	(1)劳保着装不符合要求扣 5 分; (2)工具准备不符合要求每项扣 2 分		
2	物料、设施准备	(1)设施、现场整洁,物品摆放有序; (2)选用材料正确,考核准备规范	10	(1)现场脏乱每处扣 1 分; (2)材料选择不合理及准备工作不当,每项扣 4 分		
3	工作内容	散热器检查,清除污垢及锈蚀,将内部的铁渣等杂物清除干净	10	散热器因检查不好,有漏泄现象,内外清理不干净扣 1～5 分		
		散热器的翼片应保持完整,每片顶部掉翼数最多只允许一个,其长度不大于 50 mm;侧面掉翼数不得超过两个,其累计长度不大于 200 mm	15	散热器掉翼数每超过一个扣 5 分,超过 2 个扣 10 分,依此类推;掉翼累计长度超差 50 mm 扣 2 分,超差 100 mm 扣 4 分,依此类推		
		组对散热器,平直紧密垫片不得露出颈外,全长弯曲允许 4 mm	20	散热器组对不平不直,每超差 2 mm 扣 5 分,超差 4 mm 扣 10 分,依此类推		
		进行压力为 0.6 MPa 的水压试验,3 min 不漏不渗为合格	10	水压试验因垫片漏泄总成绩不合格		
		刷防锈漆、银粉各一遍,漆层均匀、附着牢固、涂层完整	10	涂层不均匀、附着不牢、漏涂,每出现一处扣 5 分,出现两处扣 10 分		
		工时定额 3 h	5	提前不加分,每超过规定时间 5 min 扣 1 分		

续表

序号	考核内容	考核要求	配分	评分标准	实测	得分
4	安全文明生产，工程质量检验	(1)按安全技术操作规范施工； (2)严格按要求自检产品并做好标记	10	(1)每违反1次安全技术操作规定扣5分； (2)对自检产品每出现1次错误扣5分		

考评员签名： 被鉴定人签名： 年 月 日

S9 同径三通管下料

一、考核准备

(一)材料准备

准备油毡纸、108钢管，如图所示(单位：mm)。

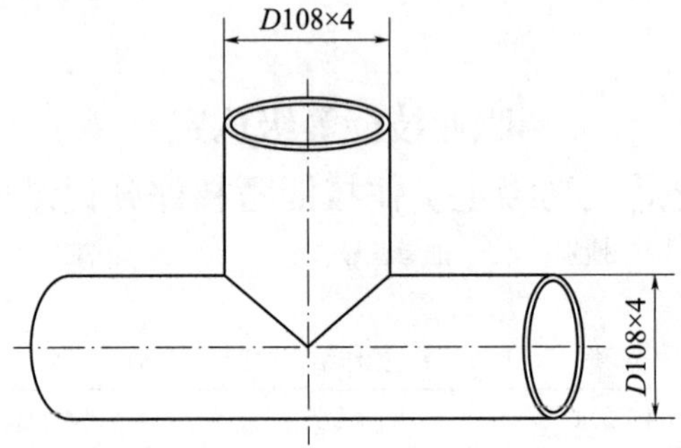

(二)设备、工具准备

准备钢板尺、划规、剪子。

(三)考场准备

考场符合安全技术施工要求。

二、考核内容及要求

(一)考核内容

1. 穿好劳保服装，备齐劳动工具。
2. 设施、现场整洁，物品摆放有序，考试准备规范，选用材料正确。
3. 按安全技术操作规范施工，按技术要求自检产品，做好标记。
4. 角度正确，焊接三通其支管垂直偏差应不大于支管高的1%，且不大于2 mm。
5. 分支管端面与主管表面间隙不得大于2 mm。
6. 主管孔样板应不小于支管内直径，同时四周间隙也不得大于2 mm。

(二)考核时限

工时定额40 min。

职业技能等级认定
管道工初级工实作技能考核评分记录表

单位： 姓名： 性别： 准考证号： 工种： 级别：

试题名称：同径三通管下料 考核时间：40 min

操作开始时间： 时 分 操作结束时间： 时 分

序号	考核内容	考核要求	配分	评分标准	实测	得分
1	工作前准备	(1)劳保着装； (2)工具准备	10	(1)劳保着装不符合要求扣5分； (2)工具准备不符合要求每项扣2分		
2	物料、设施准备	(1)设施、现场整洁，物品摆放有序； (2)选用材料正确，考核准备规范	10	(1)现场脏乱每处扣1分； (2)材料选择不合理及准备工作不当，每项扣4分		
3	工作内容	角度正确，焊接三通其支管垂直偏差应不大于支管高的1%，且不大于2 mm	20	支管垂直偏差超差1 mm扣2分，超差2 mm扣4分，依此类推		
		分支管端面与主管表面间隙不得大于2 mm	20	分支管端面与主管表面间隙超差1 mm扣1分，超差2 mm扣4分，依次类推		
		主管管孔样板应不小于支管内径，同时四周间隙也不得大于2 mm	20	主管管孔样板小于支管内径1 mm扣2分，2 mm扣4分，依此类推；四周间隙超差1 mm扣2分，超差2 mm扣4分，依此类推		
		工时定额40 min	10	超过规定时间5 min扣2分，10 min扣4分，依此类推		
4	安全文明生产，工程质量检验	(1)按安全技术操作规范施工； (2)严格按要求自检产品并做好标记	10	(1)每违反1次安全技术操作规定扣5分； (2)对自检产品每出现1次错误扣5分		

考评员签名： 被鉴定人签名： 年 月 日

S10 室内水表安装

一、考核准备

(一)材料准备

准备DN15水表、镀锌钢管、截止阀、三通、弯头、水龙头、管箍，如图所示(单位：mm)。

(二)设备、工具准备

准备管钳、铁锯、管铰板、钢卷尺。

(三)考场准备

考场符合安全技术施工要求。

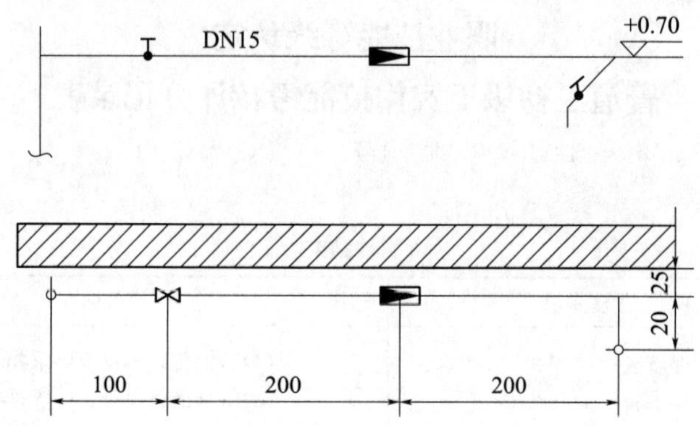

二、考核内容及要求

(一)考核内容

1. 穿好劳保服装,备齐劳动工具。
2. 设施、现场整洁,物品摆放有序,考试准备规范,选用材料正确。
3. 按安全技术操作规范施工,按技术要求自检产品,做好标记。
4. 水表安装应平直,允许偏差不得大于 5 mm。
5. 镀锌管螺纹连接时,被破坏的镀锌层表面及管螺纹露出部分,应做防腐处理。
6. 管螺纹完整、光滑,与管件、阀门配合良好,无卡涩现象。
7. 按图纸尺寸制作,允许偏差±5 mm。
8. 操作熟练,工具材料准备齐全。

(二)考核时限

工时定额 1 h。

职业技能等级认定
管道工初级工实作技能考核评分记录表

单位:　　　　姓名:　　　　性别:　　　　准考证号:　　　　工种:　　　　级别:

试题名称:室内水表安装　　　　考核时间:1 h

操作开始时间:　　时　　分　　　　操作结束时间:　　时　　分

序号	考核内容	考核要求	配分	评分标准	实测	得分
1	工作前准备	(1)劳保着装; (2)工具准备	10	(1)劳保着装不符合要求扣 5 分; (2)工具准备不符合要求每项扣 2 分		
2	物料、设施准备	(1)设施、现场整洁,物品摆放有序; (2)选用材料正确,考核准备规范	10	(1)现场脏乱每处扣 1 分; (2)材料选择不合理及准备工作不当,每项扣 4 分		
3	工作内容	水表安装应平直,允许偏差不得大于 5 mm	20	水表平直度超差 1 mm 扣 2 分,超差 2 mm 扣 4 分,依此类推		
		镀锌管螺纹连接时,被破坏的镀锌层表面及管螺纹露出部分,应做防腐处理	10	被破坏镀锌层表面及螺纹露出部分未做防腐扣 5～10 分		

续表

序号	考核内容	考核要求	配分	评分标准	实测	得分
3	工作内容	管螺纹完整、光滑，与管件、阀门配合良好，无卡涩现象	20	管螺纹不光滑、不完整，有卡涩现象扣5～10分		
		按图纸尺寸制作，允许偏差±5 mm	10	连接尺寸超差2 mm扣2分，超差4 mm扣4分，依此类推		
		操作熟练，工具材料准备齐全	5	操作不熟练，工具、材料准备不齐酌情扣1～5分		
		工时定额1 h	5	提前不加分，每超过规定时间2 min扣1分		
4	安全文明生产，工程质量检验	(1)按安全技术操作规范施工； (2)严格按要求自检产品并做好标记	10	(1)每违反1次安全技术操作规定扣5分； (2)对自检产品每出现1次错误扣5分		

考评员签名：　　　　　　　　　　被鉴定人签名：　　　　　　　　年　　月　　日

第二部分 中 级 工

1. 方形补偿器的作用原理是什么？

答：当两端固定在支架上的管子受热伸长时，方形补偿器的 U 形管产生变形，而补偿了伸长量，减小了固定支架的推力及管道的热应力。

2. 填料式补偿器的作用是什么？

答：当两端固定的管道产生热变形时，安装在其间的填料补偿器依靠填料密封的外壳管与导管的相对运动来补偿其热变形。

3. 目前国内经常使用的倒链最大负荷能力为多少？

答：目前国内经常使用的倒链是 SH 型，它的起重量一般为 0.5～10 t，最大起重量为 20 t。

4. 常用的铅及其合金管道的焊接方法有哪些？

答：目前常用的是氢-氧焰气焊和氧-乙炔焰气焊两种方法。

5. 铜管焊接常采用什么方法？

答：常采用气焊、钎焊、手工电弧焊、碳弧焊、氩弧焊、埋弧自动焊等。

6. 不锈钢管道焊接方法有哪些？

答：有手动氩弧焊、自动氩弧焊、自动埋弧焊、手工电弧焊。对薄壁($\delta \leqslant 1.5$ mm)管，也可采用氧-乙炔焰焊接。

7. 管道焊后进行热处理的目的是什么？

答：为了消除焊接接头的残余应力，防止产生裂纹，改善焊缝和热影响区的金属组织与性能。

8. 编制施工方案着重解决哪些问题？

答：确定施工过程的施工顺序；确定主要施工过程和施工方法，并选择适用的施工机械；确定施工流水组织。

9. 国内常用流量测量仪表有哪三种?

答:有速度式流量计、差压式流量计、容积式流量计三种。

10. 室外排水接口形式有哪些?

答:室外排水接口有承插接口、套环接口、平口或企口管子接口等多种形式。

11. 高压管道的特点是什么?

答:高压管道主要特点是:①长期处在高压状态下;②长期受输送介质的腐蚀,管内高压介质的渗透力大;③压力波动引起管道经常性振动。

12. 常用黑色金属管道有什么性能?

答:(1)无缝钢管具有强度高,耐热性能好,抗蚀能力强的性能;

(2)焊接管有缝管不能承受高压;

(3)铸铁管耐腐蚀性好,质脆,不抗冲击,加工困难。

13. 热力学第一定律数学表达式 $q=W+\Delta U$ 表达的是什么内容? 式中符号各代表什么?

答:表达的是加给工质的热量等于工质内能的变化和对外做功之和。式中:

q:外界加给工质的热量,J/kg;

W:工质所做的功,J/kg;

ΔU:工质内能的变化量,J/kg。

14. 焊接熔池的凝缩应力产生的原因是什么?

答:焊接熔池在凝固和冷却过程中,体积要发生收缩,但这种收缩受到原来未被加热部分金属的约束,这样在焊件中就产生了应力和应变。

15. 简述速度式流量计的原理。

答:利用被测介质通过管道时的流速使流量计的叶轮转动,叶轮转动与流速有一定的关系,流速与流量又有一定的关系,因此只要测得叶轮的转数就能得到相应的流量。

16. 焊接接头的组织应力是怎样产生的?

答:在焊接过程中,焊缝金属及热影响区的金相组织都要发生体积的变化。当这种体积的变化受到阻碍时,就会在金属内产生应力。

17. 1Cr18Ni9Ti 不锈钢中碳、镍、铬、钛含量各为多少?

答:碳的含量为不超过 0.12%,铬的平均含量为 18%,镍的平均含量为 9%,钛的含量为 $5(c\times100-0.02)\%-0.8\%$,式中 c 为碳的含量。

18. 压力管在紊流状态下沿程阻力 h 与哪些因素有关？

答：沿程阻力 h 与管子内径 d、液体密度 ρ、液体动力黏度 μ、液体平均流速 v、管长 L、管子内壁平均粗糙度 Δ 有关。

注：如答案中提到与液体运动黏度 μ 有关，则可省去上述答案中的密度 ρ 这一项。

19. 什么情况下的管材或焊缝要进行热处理？

答：碳钢、低合金钢管冷弯后，合金钢管热弯后，奥氏体不锈钢管热弯后，碳钢及 16Mn 的苛性碱管道焊缝，16Mo、15CrMo、12CrMo、Cr5Mo 及黄铜管中低压管道焊缝，20 号、15CrMo、Cr5Mo、12-15CrMo 高压管道焊缝，18-8 型不锈钢管道焊缝均需进行热处理。

20. 电动调节阀安装时应注意哪些事项？

答：阀体一般要求垂直、正立安装，介质流向应与阀壳上的箭头方向一致，介质温度通过阀体时应小于 225 ℃，工作环境温度为 0～45 ℃，交流电电压和频率分别为 220 V、50 Hz。

21. 简述不锈钢管的施工要点。

答：首先弄清材质种类，并按规定进行检查，再确定加工和安装工艺。因不锈钢的切割和加工较困难，下料加工一定要仔细，在装配时应尽量减少固定焊口，力求做到预制装配化。

22. 如何防止汽蚀现象发生？

答：通流部分断面变化率力求小，壁面力求光滑；吸水管的阻力尽量要小，要尽量短直；正确选择泵的吸入高度；泵内汽蚀区域贴补环氧树脂涂料。

23. 哪些管道需要脱脂？常用脱脂剂有哪些？

答：输送的介质遇油脂会引起反应或爆炸危险的管道（如氧气管道等）需要脱脂。常用的脱脂剂有工业用四氟化碳、粗馏酒精、工业用三氯乙烷、浓硝酸等。

24. 方形补偿器安装时预拉（预压）的目的是什么？

答：为了使方形补偿器能全部起到作用，充分发挥补偿能力，如果不采取预拉（预压）措施，则方形补偿器的补偿能力仅能发挥一半。

25. 铜管有何性能？

答：铜管传热延展性能好，有良好的低温机械性能和耐腐蚀能力，易于冷热加工，但强度差，工作温度在 250 ℃以上时，不能作压力管使用。

26. 铝管有何性能？

答：铝管传热性、导电性好，抗酸能力强，在低温环境下强度和机械性能良好，抗碱液能力差，当工作温度高于 160 ℃时，不能作压力管使用。

27. 铅管有何性能？

答：铅管的耐蚀性能好，有良好的可焊性和加工性，但熔点低，高温性能差，密度大，强度低，承压能力差。当工作温度高于 140 ℃时，就不宜在压力下使用。

28. 蒸汽管线试运时产生振动的原因是什么？

答：管道安装时的温度较蒸汽温度低，刚启动时管内凝结水太多，有可能来不及排出，在通气时产生汽锤现象，从而引起管线剧烈跳动而产生振动。

29. 管道测绘常用工具有哪些？

答：常用工具一般有钢卷尺、扁钢角尺、铁水平仪、量角尺线锤、细蜡线等。此外，还要用到水准仪和经纬仪等仪器。

30. 管段组合件的组装是什么？

答：管段组合件的组装就是把检验合格的管子及其部件，按照一定的方法、步骤和设计要求互相连接或组合起来的操作过程。

31. 室外排水管道的管材有哪些？

答：室外排水管道常用管材有排水铸铁管、混凝土管、钢筋混凝土管、石棉水泥管和陶土管等，大型排水工程采用砖砌沟渠。

32. 检查井的作用有哪些？

答：检查井是为了防止堵塞和便于检查、疏通管道，室外排水系统中不使用弯头、三通、四通、大小头等管件；而在管道拐弯、分支、交汇、变径和变坡，以及直管段较长等处设置检查井。

33. 检查井如何分类？

答：(1)按污水性质可分为污水检查井和雨水检查井。

(2)按形状可分为圆形检查井和矩形检查井。

(3)按材质可分为砖砌检查井和钢筋混凝土预制检查井。井盖一般为铸铁制作。

(4)按位置和所起的作用可分为转弯检查井、交汇检查井和跌水井等。

34. 室外给水管道的管材如何分类？

答：室外给水系统中所用管材，按材质可划分为金属类管和非金属类管两类，金属类管主要有铸铁管和钢管之分；非金属类管主要有钢筋混凝土管(PCP)、玻璃钢夹砂管(RPMP)和硬聚氯乙烯(PVC-U)等之分。

35. 简述架空保温蒸汽管道的传热过程。

答:①管内蒸汽通过对流传热给管子内壁;②管内壁通过热传导将热量传给管子外壁;③管外壁通过热传导将热量传给保温层内壁;④保温层内壁通过热传导将热量传到外表面;⑤保温层外表面通过对流散热于空气中。

36. 什么是千斤顶?有何特点?

答:千斤顶又称顶重器,是顶起重物所用的主要工具。具有结构简单、重量轻、便于搬运、操作方便、安全可靠等优点,广泛用于施工中管道的顶举、调直、弯曲等。

37. 管子组对中,管子错口对管内阻力有何危害?为什么?

答:管子错口将增大管内阻力,原因是管子错口增加了管内壁平均粗糙度 Δ,同时错口减少了管内截面积,同时也加大了液体在该处的平均流速。这些因素都将增大管内液体阻力。

38. 工艺管道系统试水压时易出现哪些故障?

答:试压管道系统可能有泄漏现象,流程有误,试压水进入别的容器、管道和设备;管道及密封材料破裂;管线上取压、取样口没有装完或是没堵住;盲板、堵板强度不够而变形、泄漏等。

39. 试说明常用补偿器的主要特点。

答:(1)方形补偿器的特点是坚固耐用、工作可靠、不需维修、可以现场制作,但占地面积较大。

(2)波形补偿器可适用于大口径管道,占地面积小,但补偿能力小,制作复杂。

(3)套式补偿器体积小,流体阻力小,补偿能力大,但轴向推力大,易产生泄漏。

40. 高压管道施工验收规范有哪些?

答:现行的高压管道施工及验收规范有:GB 50236《现场设备、工业管道焊接工程施工规范》、GB 50683《现场设备、工业管道焊接工程施工及验收规范》、HG/T 20256《化工高压管道通用技术规范》。

41. 硬聚氯乙烯管有何性能?

答:硬聚氯乙烯管有良好的耐腐蚀性能,足够的机械强度,绝缘性能好,加工成型方便,焊接性能良好,但耐热能力差,膨胀系数大,含有剧毒物质。

42. PPR 管材有何特点?

答:PPR 管材的特点是具有极佳的节能保温效果,管材、管件均采用同一材料,采用热熔或电熔连接,施工速度快,永久密封无渗漏。但 PPR 管材比金属管材硬度低,刚度差,在 5 ℃以下有一定脆性,线膨胀系数较大,长期受紫外线照射易老化。

43. 如何防止管道焊接变形?

答:采取合理的焊接工艺,管道焊接时,尽可能采取焊道与焊道之间隔焊、逆向分段焊、对称焊、多层焊等;采取反变形法;采取散热法,对焊缝区通以冷却介质降低或控制焊缝区的温度;采取焊后热处理法。

44. 如何计算方形补偿器的预拉伸量?

答:方形补偿器的预拉伸量数值,取管段热膨胀量的 1/4 即可,如某热力管道的热膨胀量为 100 mm,方形补偿器的预拉伸量为 1/4×100＝25 (mm),即方形补偿器安装时,每侧预拉伸量为 25 mm。

45. 简述低合金钢管道的施工要点。

答:首先核对材料的材质,根据其特性选择合适的加工和安装工艺,因低合金钢淬硬倾向大,在组对点焊和焊接前要按规定温度预热,焊后还应采取措施防止产生脆硬现象和裂纹,再按规定进行热处理以消除残余应力和淬硬组织。

46. 什么是汽蚀现象?

答:离心泵叶轮入口处的压力低于工作水温下的饱和压力,一部分液体会蒸发(汽化),蒸发后的气泡进入压力较高的区域时,受压突然凝结,于是四周液体就向此处补充,造成水力冲击,这种现象称为汽蚀现象。

47. 如何识读管道布置图?

答:以平面图为主,配合剖视和带控制点的流程图,首先了解厂房构造及尺寸,然后弄清设备的编号、名称、定位尺寸、接管方位及标高,再弄清管路的走向、编号、规格、平面定位尺寸、标高及阀门、管件等的位置。

48. 闸阀的作用原理是什么?

答:闸板沿阀座中心线的垂直方向移动,使闸板密封面与阀座密封面贴合,并依靠顶楔、弹簧或闸板的楔形增强密封效果,从而阻止介质通过。依靠闸板移动的程度即开启程度,实现流量的调节。

49. 无损探伤主要有哪几种? 适用范围如何?

答:主要有磁力、荧光、涡流、着色、射线和超声波等几种。磁力、荧光、涡流、着色等方法适用于检验材料表面及近表缺陷,超声波适用于检验较深部位的缺陷,射线和超声波常用来检验焊接接头的内部缺陷。

50. 管道施工图由哪些元素组成?

答:①图样目录;②施工图说明;③设备材料表;④流程图;⑤平面图;⑥系统图;⑦立(剖)面图;⑧节点图;⑨大样图;⑩标准图。

51. 锅炉本体管束胀接的安装程序是什么?

答:①管子检查、校正、吹扫、清理、通球试验;②管端退火;③管端、管孔清理;④管子管孔选配,确定胀管率;⑤挂管;⑥翻边复胀;⑦通球试验。

52. 看图制作,镀锌钢管套丝扣。

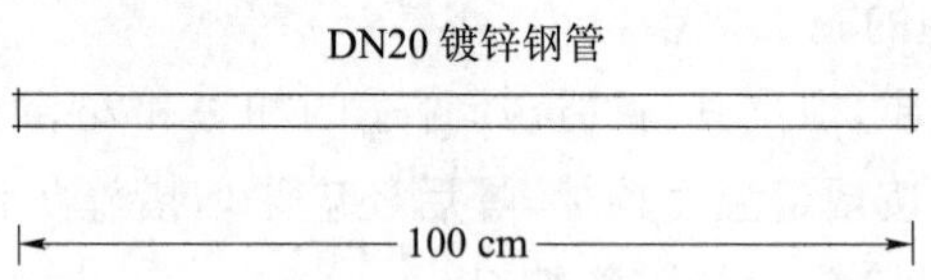

答:螺纹的规格应符合规范要求,管螺纹的加工采用套丝机套成。1/2～3/4 的管子可采用人工套丝,丝扣套完后,应清理管口,将管口保持光滑,螺纹断丝缺丝不得超过螺纹总数的10%。连接应牢固,根部无外露油麻现象,根部外露螺纹不宜多于 2～3 扣,螺纹外露部分防腐良好。

53. 根据室内给水管道连接图计算需要 DN20 钢管的长度。

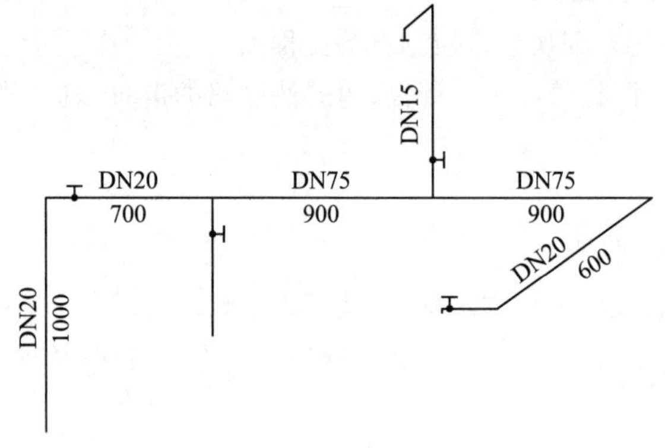

室内给水管道连接图

注:图中尺寸以毫米计,管材选用镀锌钢管。

答:2.3 m。

54. 已知下图为 PPR25 管材,计算提料。

答:DE25PPR 管 4.8 m、DE25×20 内直接 1 个、DN15 短丝 1 个、DE25 三通 4 个、DE25 弯头 4 个、DE25 球阀 1 个。

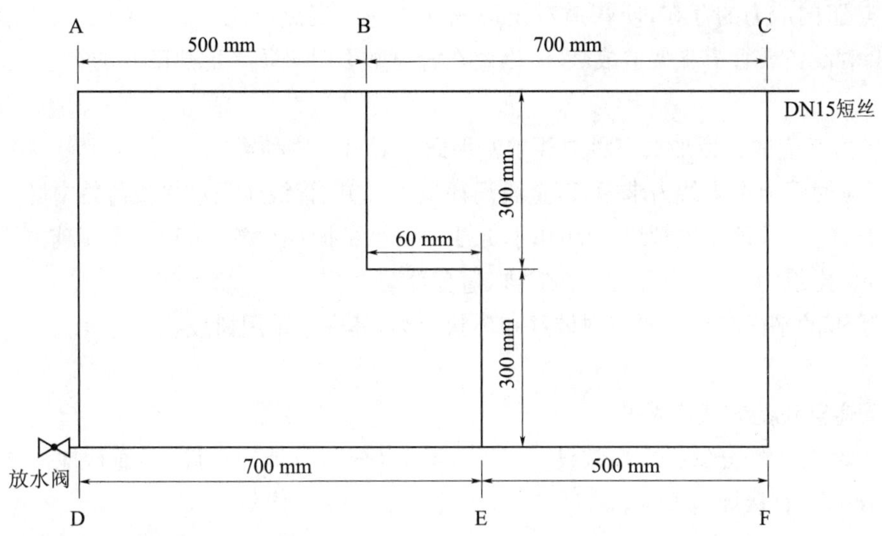

55. 热力管道的分类有哪几种？

答：(1)按其管内流动的介质不同，可分为蒸汽和热水管道两种。

(2)按其工作压力不同，可分为低压、中压和高压管道三种。

(3)按其敷设位置不同，可分为室外和室内供热管道两种。

56. 一般阀门常见故障与原因有哪些？

答：一般阀门常见故障，主要表现在阀门填料函泄漏、密封面泄漏阀杆失灵、垫圈泄漏、阀门开裂、手轮损坏、压盖断裂及闸板失灵等方面。

57. 钢管冷弯 90°需要准备哪些工具？

答：管材的准备和工具的准备：DN20 镀锌钢管；钢直尺、管子割刀、管子台虎钳、划针、锤子、角尺、卡尺及手动弯管机或液压弯管机。

58. 热力管道有何特点？

答：热力管道是输送蒸汽或过热水等热能介质的管道。它的任务是将锅炉生产的热介质安全可靠地送到各个热能使用点，以满足生产生活、采暖和空调等对热能的需要。热力管道的特点是管道输送的介质温度高、压力大、流速快，在运行时会给管道带来较大的膨胀力和冲击力。因此在管道安装中应解决好管道材质、管道伸缩补偿、管道支吊架、管道坡度及疏排水、放气装置和管道连接等问题，工程施工中应严格按设计和有关规定进行，以确保管道的安全运行。

59. 管道的热膨胀是什么？

答：管道受热膨胀后，如果管道两端固定使得膨胀伸长受到限制，在管壁内就会产生热膨胀应力。热胀内应力的存在,使管道对设备或支架等固定点产生推力,由于这个推力往往很大,可能会对设备或管道支架造成破坏,因此在管道敷设时必须考虑热膨胀的补偿。

60. 热力管道的布置形式有哪些要求？平面布置有哪些种类?

答:①应使管道主干线力求短直,金属消耗最少;②主管线应通过热负荷集中区,靠近热负荷大的用户;③应合理布置管线上的阀门,减少不必要的附属设施;④管线少穿越主要交通线,与各种管道、构筑物、建筑物等要协调安排,避免冲突。

热力管道的平面布置主要有树枝状和环状两类,其中常采用树枝状。

61. 管道敷设的方式有哪些?

答:①架空敷设(分低、中、高敷设);②地沟敷设(分通行地沟敷设、半通行地沟敷设、不通行地沟敷设);③直接埋地敷设。

62. 按要求提料。

要求:(1)加工管道组件见下图,活接或变件左边为铁件,右边为热熔件,尺寸以厘米计算。

(2)管道及管件规格为DN20、DE25,其他尺寸为连接后成品尺寸。

(3)连接螺纹的加工应符合相关标准,严禁一次成型。

(4)螺纹连接旋紧程度、生料带多少合适自定。

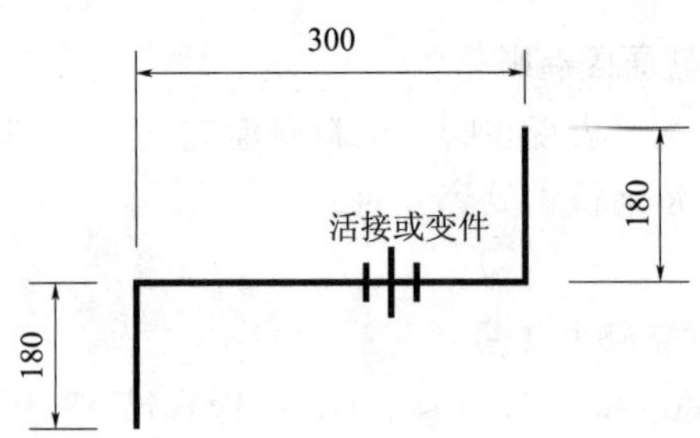

注:图中尺寸以毫米计,尺寸基准为中心线,终点为中心线或端面。

答:DN20钢管 360 cm、DN20弯头一个、DE25PPR内丝活接一个、DE25弯头一个、DE25PPR管300 cm。

63. 热力管道安装的特殊要求是什么?

答:(1)室外应有不小于2‰、室内应有不小于3‰的坡度,坡向应与介质流向一致,蒸汽管道要坡向疏水器;

(2)管路中应设一定数量的补偿器,且安装时要预拉伸;

(3)蒸汽管路最低点要设疏水装置,热水管最高点要设放气装置;

(4)支架中心必须与管道中心一致,靠近补偿器两侧的几个滑动管托应相对于支架偏心安装;

(5)必须采取保温措施。

64. 输油管道安装的特殊要求是什么?

答:(1)要求有较高的严密性,除与设备、阀门及其他附件连接处采用法兰、螺纹连接外,其余均需焊接;

(2)重油管道应设置蒸汽或热水扫线管,并在连接处采取防止油品窜入扫线管的措施;

(3)敷设时要有坡向排放点的坡度;

(4)一般应采取伴热、保温措施;

(5)安装时应装设补偿器,同时要满足通球清扫的要求,沿线还应有可靠的接地。

65. 什么是工艺管道施工图?

答:工艺管道施工图,是指在工矿企业中,特别是在石油、化工企业中,按照生产工艺流程的要求,用管道把单个的机械、设备或车间连接成完整的生产工艺系统,这类管道叫工艺管道,它的施工图称为工艺管道施工图,简称工艺管道图。

66. 快装锅炉铭牌标注的型号各代表什么意思?

答:快装锅炉铭牌标注的型号一般由四部分组成。

第一部分为型号:KZ 型代表快装纵置锅筒;KH 型代表快装横置锅筒;KL 型代表快装立置锅筒。

第二部分为燃料方式:G 代表固定炉排;Z 代表振动炉排;W 代表往复炉排。

第三部分为蒸发量或发热量:蒸发量用 t/h 为单位,发热量用 kW 为单位。

第四部分为介质出口压力:单位为 kgf/cm^2(约 0.1 MPa)。

67. 简述弹簧式安全阀的结构和作用原理。

答:弹簧式安全阀主要由阀体、阀座、阀盘、阀盖、弹簧、阀杆、导向套、调压螺栓、锁螺母等组成,类似于角式截止阀。其作用原理是通过弹簧的弹力来抵压阀盘,使之与阀座密封面密合,当介质压力高于弹簧压力时,弹簧被压缩,介质自行排出,当介质压力降到与弹簧压力相等时,密封面又重新开始密合,从而起到防止设备或管道超压,保证安全的作用。

68. 止回阀分哪几种? 其作用原理是什么?

答:止回阀又称止逆阀、单向阀。按结构特点分升降式和旋启式两种。升降式又有立式和卧式之分,旋启式有单瓣、双瓣之分。卧式升降式和旋启式用于水平管道,立式升降式作用于垂直管道上。止回阀的作用原理是当流体顺向流入时,依靠流体本身的压力,截断通路,阻止逆流。

69. 简述蝶阀的结构、工作原理和性能。

答:蝶阀主要由阀体、阀门板(阀瓣)、阀杆与驱动装置等组成。蝶阀的作用原理是转动手柄通过齿轮带动阀杆及阀瓣旋转来达到开启与关闭的作用。蝶阀结构紧凑简单、体积小、流体阻力小,具有切断和节流的性能,但密封面易受损、阀瓣易振动。

70. 闸阀有何性能?

答:闸阀流体阻力小,无水击现象,启闭力小,具有一定的调节性能,介质流向不受限制,密封性能较好,结构长度较小,体形较简单,铸造工艺性能好。明杆闸阀可通过阀杆上升高度判断通道的开启程度。但结构比较复杂,高度尺寸较大,密封面容易磨损,研磨量大且要求高,高温时容易卡滞。

闸阀广泛用于大直径的给水、压缩空气、石油,以及天然气和含有粒状固体及黏度较大的介质管道上。

71. 简述填料式补偿器的安装要求。

答:填料式补偿器安装前要检查其直径、长度及加工光洁度,导管外表应平滑,不得有毛刺、砂眼、裂纹、斑痕、夹渣等,各层填料接口位置要相互错开并分层压实;安装时要严格地沿管道中心线位置,不得偏斜,并且在补偿器两侧至少各安装一个导向支架;安装长度与环境温度有关,一定要按图纸规定留出伸缩距离;插管应安装在介质的入端,摩擦部分应涂上机油,非摩擦部分应涂上防锈油。

72. 常用散热器的种类有哪些?

答:按材质分有铸铁散热器和钢制散热器。铸铁散热器按形状分为柱形和翼形,柱形有二柱形(即 M132 型)、四柱形、五柱形;翼形有长翼形、圆翼形。钢制散热器有无扁管散热器、钢串片散热器、闭式对流散热器、钢制板式散热器等。

73. 如何识读钢结构施工图?

答:首先弄清金属结构的种类、外形及在整个工程中的作用和地位,先看总图,对钢结构有个轮廓的了解,然后根据总图上标注的构件号分别看构件图,得到不同投影面的几何尺寸并与构件成立体的空间概念。根据总图和构件图的标注,结合施工大样图及每一单构件所采用的材料、材质、规格、下料尺寸、连接方式和组合拼装要求等,同时还要详细阅读图纸上所附说明和条件文字,弄清所用材料规范和安装施工规范及刷油等内容。

74. 如何识读工艺流程图?

答:首先了解标题栏和图例说明,了解工程名称,图纸张数,管道标注及管材、物料、仪表、设备等代号;然后了解设备的数量、名称和编号,再了解物料(介质)的来龙去脉,着重理清每一管线的来龙去脉、编号、规格,以及管路上的管件、阀门、控制点的部位、名称、编号、数量等。

75. 简述波形补偿器的安装要求。

答:波形补偿器在安装前应检查其尺寸是否符合设计要求，表面不得有裂纹、凹凸、轧痕、折皱等缺陷，并按设计规定的压力进行强度试验合格；待接管道全部固定后，留出补偿器的位置并按图纸规定计算伸缩量和预留尺寸；安装时应置于管道中心位置，不得偏斜，并按图纸规定的数值进行预拉或预压；吊装时，不得将绳索扎在波节上，不得将支撑件焊在波节上；安装时注意内衬套筒与外壳焊接的一端应朝向坡度的上方或为介质的流向；水平安装时，应在每个波节的下方安装排水阀。

76. 如何根据钢丝绳的技术规格计算钢丝绳的最大许用拉力?

答:钢丝绳的最大许用拉力可按下式计算：

$$[S]=P/K$$

式中　$[S]$——钢丝绳的最大允用拉力；

P——钢丝绳的最大破断拉力；

K——安全系数，用于张拉时，取 $K=3.5$；用于手动机构的起重时，取 $K=5$、5.5、6；用于捆扎时，取 $K=10$。

77. 氧气、煤气、乙炔、石油等管道为什么要接地?

答:介质中的电解质相互摩擦或与金属摩擦时，如粉尘、气、液体电解质沿管道流动，以及从管道中抽出或注入容器时，将产生静电电荷，它产生的火花或引起易爆介质燃烧或爆炸形成危险，以上介质正是易燃物质，为防止火灾和爆炸，所以要采取接地措施，消除静电电荷。

78. 压缩空气管道安装的特殊要求是什么?

答:(1)多段压缩机每段进出口管材要适应压力要求，防止错用；

(2)接支管时，须从主管的上部接三通，干管应有顺流方向的坡度；

(3)管内必须干净，不得有切屑、熔渣残余物或其他脏物；

(4)管道最低点应设油水分离器或其他排放装置，车间内应根据需要和情况设置控制阀、减压装置、流量计、油水分离器、配气器等。

79. 使用钢丝绳起吊管子时，应注意哪些事项?

答:①起吊的管子不过长；②吊点位置应合理，保持吊钩与管子重心垂直线一致；③钢丝绳与管子重心垂直线的夹角不宜大于 45°；④起吊前应验算所用钢丝绳的最大许用力，并检查有无断股、损坏及表面腐蚀、死角及受压变形等现象；⑤在起吊回转半径内严禁站人和随意走动，操作人员应统一听从指挥。

80. 管道施工图如何分类?

答:管道施工图按专业的不同，通常分为：①化工工艺管道施工图；②动力管道施工图；

③采暖通风管道施工图;④给排水管道施工图;⑤自控仪表管道施工图。

81. 简述闸阀的结构。

答:闸阀又称闸板阀,主要由闸板、闸座、阀杆和阀体、阀盖、填料压盖、手轮等零件组成。闸板与管道介质流向垂直,与闸座研磨配合,配合面通常镶上耐磨耐蚀的金属材料。平行式闸阀的闸板的两个工作面互相平行,楔式闸阀的两个工作面互相倾斜;平行式闸阀的密封面与阀体通道中心线垂直,楔式闸阀的密封面与垂直中心线成一角度。双闸板楔式闸阀的关闭件由两个铰接的闸板组成,倾斜度可自动调整。明杆闸阀的阀杆螺栓在阀盖或支架上,阀杆下部有方头,嵌入闸板中。暗杆闸阀的阀杆螺纹在阀门体腔内,与嵌在闸板内的螺母相配合。

82. 如何识读采暖施工图?

答:首先清楚采暖供热方式,采暖工程的组成部分,采暖建筑设施的大体情况,采暖管道的布置、走向和敷设安装方式。然后弄通平面图和系统图,清楚管道的基本尺寸、标高、热媒引入管和回水管的位置及走向,散热器的安装结构、型式型号及组合情况,各种配件的安装位置等,再弄通节点图或大样图及标准图,弄清各种附件、管件的安装,管托、卡、架的制作与安装,管道的连接方法等。最后阅读文字说明或附注交代的技术条件和刷油、保温等其他施工要求。

83. 氢气管道安装的特殊要求是什么?

答:氢气属于可燃气体,在管道安装时应注意防火、防爆,管道安装除应具备氧气管道安装的特殊要求外,还应满足下列要求:

(1)在制氢站和车间内只允许架空敷设,不允许地沟或直埋敷设;

(2)厂区室外一般采用架空或直埋敷设,不允许采用地沟敷设;

(3)在管网的最高点应设氮气吹扫器和放散管,在通向大气的放散管上应设防火器;

(4)氢气管道均采用无缝钢管,除与设备连接采用法兰外,其余均采用焊接,取样、分析和仪表的旋塞、阀门等不得采用铜及铜合金。

84. 管道识图的顺序是什么?

答:各种管道施工图的识图方法,一般应遵循从整体到局部,从大到小,从粗到细的原则,同时要将图样与文字对照看,各种图样对照看,以便逐步深入和逐步细化。识图过程是一个从平面到空间的过程,必须利用投影还原的方法,再现图样上各种线条、符号所代表的管路、附件、器具、设备的空间位置及管路的走向。识图的顺序是:首先看图样目录,了解建设工程性质、设计单位、管道种类,搞清楚这套图样一共有多少张,有哪几类图样,以及图样编号;其次是看施工说明书、材料表、设备表等一系列文字说明,然后按照流程图(原理图)、平面图、立(剖)面图、系统轴测图及详图的顺序,逐一详细阅读。由于图样的复杂性和表示方法的不同,各种图样之间应该相互补充,相互说明,所以识图过程不能死板地一张两张看,而应该将内容相同的图样对照起来看。

85. 管道施工一般安全特点有哪些?

答:(1)管道的布置有室内、室外、高空、地下、水下等不同条件,工作流动性大,作业面宽,作业平面、立面交叉。

(2)施工分散,往往是多种工种、多种作业方式的联合作业,配合施工。

(3)无固定作业场所,对于已生产企业的改扩建工程和维修工程,还涉及与原有高温、高压、深冷、易燃、易爆等管道的交叉和连接,作业环境条件差,施工条件复杂。

(4)对于城市公用设施的管道工程建设,涉及各种管线的互相碰撞、交通运输的阻塞,对现有给排水、供热、供煤气正常运行的干扰。

(5)受施工季节和气候条件的影响较大,特别是对露天作业施工的影响更大。

在组织施工和施工过程中,要充分考虑上述特点,实行科学有序的施工,防止在管道施工维修工作中发生事故。

86. 管道机具操作安全技术有哪些?

答:(1)各种机械和工具在使用前应按规定项目和要求进行检查,如发现有故障、破损等情况,应经修复或更换后才能使用。

(2)电动工具和电动机械设备,应有可靠的接地装置。使用前应检查是否有漏电现象,并应在空载情况下启动。操作人员应戴绝缘手套,如在金属平台上工作,应穿绝缘胶鞋或在工作平台上铺绝缘垫板。电动机具发生故障时,应及时修理。

(3)操作电动弯管机时,应注意手和衣服不要接近旋转的弯管模。在机械停止转动前,不能从事调整停机挡块的工作。

(4)砂轮切割机的砂轮片必须用有增强纤维的砂轮片。砂轮片上必须有能遮盖 180°以上的保护罩。操作时应慢慢吃力,切勿使其突然吃力和受冲击力。

(5)操作钻床时,钻头要夹紧,防止松脱,并严禁戴手套。

(6)用链条葫芦(倒链)起重时,不能超出其起重能力。在任何方向使用时,拉链方向应与链轮方向相同,注意防止手拉链脱槽,拉链子的力量要均匀,不能过快过猛。如手拉链不动时,应查明原因,不能增加人数猛拉,以免发生事故。

(7)用链条葫芦吊起阀门或组装件时,升降要平稳。如需在起吊物下作业,应将链条打结保险,并必须用道木或支架等将部件垫稳。

(8)使用锤子工作时,不准戴手套,锤柄、锤头上不得有油污。

(9)尖头錾、扁錾、盘根錾头部被锤击成蘑菇状时不能继续使用。抡大锤时,抡转方向不得有人。

(10)锉刀必须装好木柄方可使用,锉削时不可用力过猛,不能顶部有油,有油应及时清除。

(11)使用钢锯锯削时用力要均匀,被锯的管子或工件要夹紧。即将锯断时要用手或支架托住,以免管子或工件坠落伤人。

(12)使用扳手时,扳口尺寸应与螺母尺寸相符,防止扳口尺寸过大,用力打滑,在扳手柄上不应加套管。

(13)使用管钳时,一手应放在钳头上,一手对钳柄均匀用力。在高处作业时,安装公称直径 50 mm 以上的管子,应用链条钳,不得使用管钳。

(14)使用台虎钳时,钳把不得用套管加力或用锤子敲打,所夹工件尺寸不得超过钳口最大行程的 2/3。

87. 室外给水管道的施工工艺流程及注意事项是什么?

答:工艺流程为:安装准备→管沟验收→管道清理→支墩设置→管道及附件敷设就位→管道连接→试压、冲洗、消毒→管道定位→管道防腐(保温)。

注意事项如下:

(1)管道不得敷设在冻土上。

(2)管材及配件的规格符合规定:有出厂合格证,无明显缺陷,色度均匀,表面光滑,管道承插口工作面平整,尺寸准确。

(3)管道应由下游向上游依次安装,承插管道安装时承口朝向水流方向,插口顺水流方向安装。

(4)当安装中断时,应用木塞或其他盖堵将管口封闭,防止杂物进入。

(5)穿越公路等有荷载处应设套管,套管直径比管子外径大两号。

(6)塑料管和异种材料管之间的连接,应采用金属嵌件作为过渡。

(7)管道敷设应在沟底标高和管道基础检查合格后进行,在敷设前对管材、管件、阀门及附件作一次外观检查,有问题的不得使用。

(8)备好下管用的机具及绳索,并进行安全检查。

(9)管道支墩、支架设置应完工。

(10)管口清理干净。

88. 水平横管的排列原则是什么?

答:(1)气体管路排列在上,液体管路排列在下。

(2)热介质管路排列在上,冷介质的管路排列在下。

(3)保温管路排列在上,不保温管路排列在下。

(4)无腐蚀性介质的管路排列在上,有腐蚀性介质的管路排列在下。

(5)高压介质的管路排列在上,低压介质的管路排列在下。

(6)金属管路排列在上,非金属管路排列在下。

(7)小口径管路应尽量支承在大口径管路上方或吊挂在大管路下面。

(8)不经常检修的管路排列在上,检修频繁的管路排列在下。

89. 锅炉的分类有哪些?

答:(1)按所用燃料分有燃煤、燃油、燃气锅炉三种。

(2)按装配形式分有快装式(整体式)、组装式和散装式锅炉三种。

(3)按用途分有工业锅炉、生活锅炉两种。

(4)按出口介质分有蒸汽锅炉、热水锅炉两种。

(5)按压力分有低压锅炉、中压锅炉、高压锅炉三种。

(6)按蒸发量分有小型锅炉、中型锅炉、大型锅炉三种。

90. 模拟主地沟 DN80 管道漏水,处理暖气管道突发故障,提出实施方案。

答:接到请修电话,成立抢修小组,更换工作服,做好个人防护。准备好工具、照明设备、防护设备。先判断漏点位置,开启井盖通风。关闭上游阀门,如地沟内积水较多,需抽水作业,注意用电安全。下地沟时做好井口防护,带好照明设备、工作服、水鞋,找到漏点,检查漏点大小,做出相应抢修计划,漏点较小可以用喉箍处理完成,漏点较大应用抱卡,腐蚀严重需更换管道。

91. 根据下图计算共计需要多少 DE25PPR 管? 阀门、水表数量是多少?

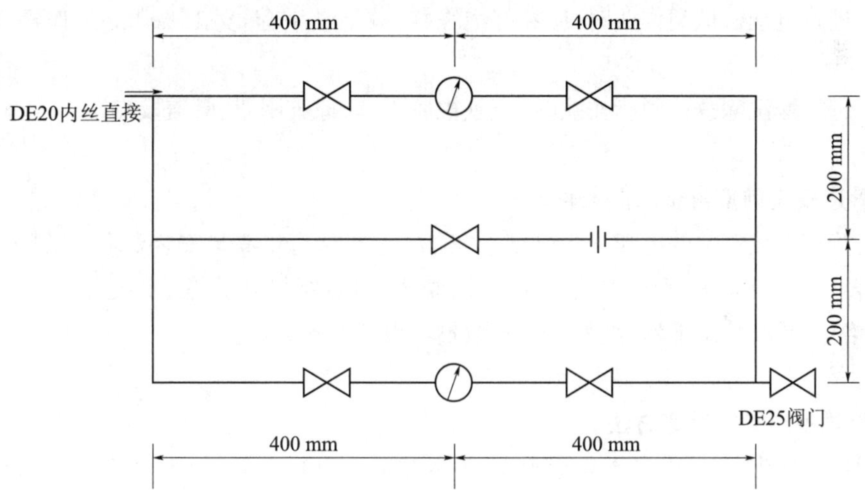

答:需要 DE25PPR 管 3.2 m、DE25PPR 阀门 6 个、水表 2 组。

92. 简述管道施工图的看图顺序。

答:首先看图纸目录,其次看施工说明书、材料表、设备表等一系列文字说明,然后按照流程图、平面图、立(剖)面图、系统轴测图及详图的顺序逐一详细阅读。

93. 管钳的使用方法是什么?

答:管钳用于夹持和旋转、扳动管子和附件。其使用方法与要求如下:

(1)使用管钳时,应使两手动作协调,松紧适度,并应防止打滑。

(2)扳动管钳的钳柄时,不得用力过猛,或在钳柄上加套管;当钳柄尾部高出操作者的头部时,不得采取正面攀吊的方式扳动钳柄。

(3)管钳的钳口或链条上不得粘油,使用完后应妥善存放,长期停用应涂油保护。

(4)严禁用管钳拧紧六角头螺栓等带棱工件,不得将管钳当作撬杠或锤子使用。

(5)当管子细而管钳大时,手握钳柄的位置应在前部或中部,以减少扭力,防止管钳因过力而损坏;当管子粗而管钳小时,要手握钳柄中部或后部,并用一只手按住钳头,使钳口咬紧不致打滑。扳转钳柄要稳,不允许因拧过头而用倒拧的方法进行找正。

(6)管钳要经常清洗和涂油,避免锈蚀。不允许用小规格的管钳拧大口径的管子接头,也不允许用大规格的管钳拧小口径的管接头,以免造成管钳损坏。

94. 如何正确使用劳保用品?

答:(1)在进入施工现场时,必须戴好安全帽,穿好防护衣,正确使用安全帽并扣好帽带,不准把安全帽抛、扔或坐、垫。

(2)在配合高处作业时,应戴好安全帽,扎好安全带。不使用缺衬、缺带及破损的安全帽。

(3)在配合电气焊进行对口作业时,要戴好黑色护目镜或黄色护面罩。

(4)在进行电动机械类作业时,应穿好绝缘鞋,戴绝缘手套,女工要戴好工作帽,将长发全部塞入工作帽内。

(5)在进行酸洗除锈或脱脂作业时,应戴橡胶手套、橡胶围裙、脚盖及口罩。

95. 管道安装前应具备哪些条件?

答:与管道安装有关的土建工程已基本完工并经检验合格满足安装要求;与管道连接的设备已找正合格,固定完毕;管道安装前的清洗、脱脂、内防腐与衬里等工序已进行完毕;管阀件已检验合格,并具有技术证件,型号、规格、数量与设计要求无误。

96. 简述塑料管的煨弯方法。

答:塑料管的煨弯方法与碳钢管热弯基本相同。管内充砂为细砂且预先加热至 40～50 ℃,并常采用外径比待弯塑料管内径小 0.5～1 mm 的橡胶管装砂后再与待弯管接触,加热一般为间接加热,放入有自动温控的烘箱或电炉上加热,当达到一定柔软状态时,可取出煨弯,弯管一般是在胎具上进行,用冷水冷却,促进成型。

97. 管口翻边有哪几种方法?

答:管口翻边有手工法、冲挤法和使用车床翻边法。

98. 水暖维修作业工作流程是什么?

答:①维修、抢修前必须穿戴好合格的劳保防护用品。②进行维修操作前,要带齐各种工具、配件。③到达维修现场,应首先分析各种管网的通路情况和各阀门的控制范围,以确保开关阀门的准确,避免误操作。④准备好照明设备。⑤维修上水管路及设备时,应做好防漏措施和泄水工作。⑥清掏污水井、化粪池时,要在明显位置设置安全标识牌,防止行人掉入。⑦对井盖要定期巡查，破损的及时更换。

99. 水龙头的安装步骤是什么？

答：首先将总水闸关闭，使用工具将旧的龙头向反方向转动拆卸下；其次不要马上将新水龙头装上，由于水龙头使用久了会积累泥沙，要先把水管内的泥沙清除掉，以免堵塞；然后在水龙头的螺纹部位利用生料带绕几圈，避免水龙头漏水；最后将龙头按正方向旋到水管上即可。

具体安装步骤如下：①将软管连接上水龙头，要先将软管插入水龙头口中，用手拧紧，再尝试拉一下，看看是否牢固，然后将其他配件固定到水龙头上。②固定水龙头，要将装好的软管穿过台盆，用配件固定好，再尝试看看水龙头与台盆是否连接紧密，无松动，然后用螺栓拧紧。③连接进水口，将台盆放到指定的位置，再将软管的另一端和进水管接口连接起来。但是在接管时，要分冷热水，左边是热水、右边是冷水。这样水龙头安装就完成。

100. 使用电动工具时应注意哪些事项？

答：电动工具的电源线应采用橡胶护套软线，且不得有破皮现象，插头应采用带接地线的插头。使用前应检查电源是否与铭牌规定相符。使用时，应在空载情况下启动，操作人员应戴绝缘手套和穿绝缘胶鞋，发生故障时，应及时进行修理，但不得在停止转动前进行，长时间未使用的电动工具在使用时应用兆欧表检查其绝缘电阻。使用后应将工具清理干净放置在干燥、清洁的地方。

S1　热弯方形伸缩器

一、考核准备

(一)材料准备

准备无缝钢管,如图所示(单位：mm)。

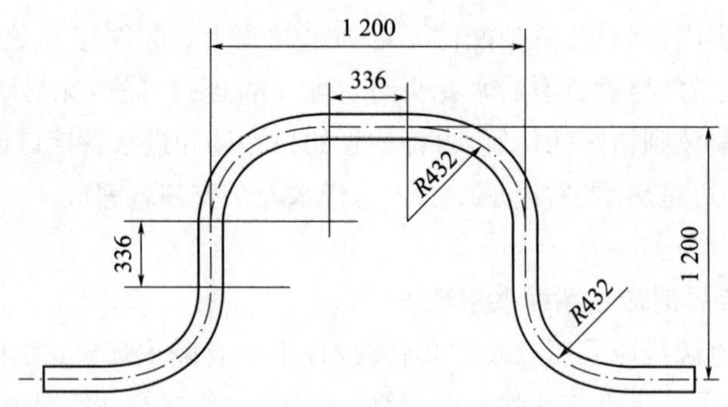

(二)设备、工具准备

准备钢卷尺、手锯、气焊工具、模具。

(三)考场准备

考场符合安全技术施工要求。

二、考核内容及要求

(一)考核内容

1. 穿好劳保服装,备齐劳动工具。
2. 施工现场整洁,物品摆放有序,考试准备规范,选用材料正确。
3. 按安全、技术操作规范施工,按要求自检产品并做好标记。
4. 煨弯现场布置完善,砂子粒度选择正确,加热温度适当。
5. 不得有裂纹、分层过烧等缺陷。
6. 减薄率不超过 15%。
7. 椭圆率不超过 8%。
8. 弯曲角度不超过±5°。
9. 波浪度不得大于 4 mm。

(二)考核时限

工时定额 8 h。

职业技能等级认定
管道工中级工实作技能考核评分记录表

单位：　　　　　姓名：　　　　性别：　　　准考证号：　　　　　　　　工种：　　　　级别：

试题名称：热弯方形伸缩器　　　　　　　　　　　　　　　　　　　　　　　　　考核时间：8 h

操作开始时间：　　时　　分　　　　　　　　　　操作结束时间：　　时　　分

序号	考核内容	考核要求	配分	评分标准	实测	得分
1	工作前准备	(1)劳保着装； (2)工具准备	10	(1)劳保着装不符合要求扣5分； (2)工具准备不符合要求每项扣2分		
2	物料、设施准备	(1)设施、现场整洁，物品摆放有序； (2)选用材料正确，考核准备规范	10	(1)现场脏乱每处扣1分； (2)材料选择不合理及准备工作不当，每项扣4分		
3	工作内容	煨弯现场布置完善，砂子粒度选择正确，加热温度适当	10	煨弯现场布置不完善，砂子粒度不标准，根据程度扣1～10分，加热程度过高扣1～10分		
		不得有裂纹、分层过烧等缺陷	15	有裂纹总成绩不合格，分层过烧视其情节扣1～15分		
		减薄率不超过15%	10	减薄率超差1%扣2分，超差2%扣4分，依此类推		
		椭圆率不超过8%	10	椭圆率超差2%扣2分，超差4%扣4分，依此类推		
		弯曲角度不超过±5°	10	弯曲角度超差1°扣2分，超差2°扣4分，依此类推		
		波浪度不得大于4 mm	10	波浪度超差2 mm扣4分，依此类推		
		工时定额8 h	5	提前不加分，每超过规定时间10 min扣1分		
4	安全文明生产，工程质量检验	(1)按安全技术操作规范施工； (2)严格按要求自检产品并做好标记	10	(1)每违反1次安全技术操作规定扣5分； (2)对自检产品每出现1次错误扣5分		

考评员签名：　　　　　　　　　　　　　被鉴定人签名：　　　　　　　　　　　　　年　　月　　日

S2　天圆地方下料制作

一、考核准备

(一)材料准备

准备厚度为0.7 mm镀锌铁皮，如图所示(单位：mm)。

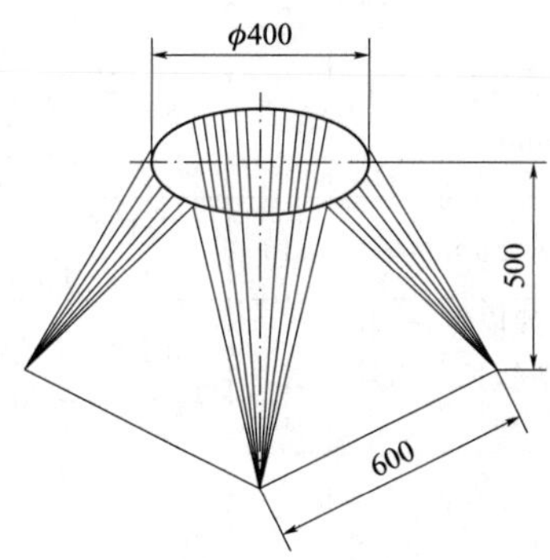

(二)设备、工具准备

准备钢卷尺、钢板尺、剪子。

(三)考场准备

考场符合安全技术施工要求。

二、考核内容及要求

(一)考核内容

1. 穿好劳保服装,备齐劳动工具。
2. 施工现场整洁,物品摆放有序,考试准备规范,选用材料正确。
3. 按安全、技术操作规范施工,按要求自检产品并做好标记。
4. 天圆地方的闭合口咬口采用单咬口,表面应平整,圆弧均匀,咬口缝应紧密,宽度均匀。
5. 外径或外边允许偏差小于 2 mm,不平度不得大于 2 mm。
6. 直径或边长允许偏差±5 mm。
7. 天圆地方两端中心线应重合,其偏心值不应大于天端外边长 1%,且不应大于 5 mm。

(二)考核时限

工时定额 2 h。

职业技能等级认定
管道工中级工实作技能考核评分记录表

单位:　　姓名:　　性别:　　准考证号:　　工种:　　级别:

试题名称:天圆地方下料制作　　考核时间:2 h

操作开始时间:　　时　　分　　操作结束时间:　　时　　分

序号	考核内容	考核要求	配分	评分标准	实测	得分
1	工作前准备	(1)劳保着装; (2)工具准备	10	(1)劳保着装不符合要求扣 5 分; (2)工具准备不符合要求每项扣 2 分		
2	物料、设施准备	(1)设施、现场整洁,物品摆放有序; (2)选用材料正确,考核准备规范	10	(1)现场脏乱每处扣 1 分; (2)材料选择不合理及准备工作不当,每项扣 4 分		
3	工作内容	天圆地方的闭合口咬口采用单咬口,表面应平整,圆弧均匀,咬口缝应紧密,宽度均匀	20	咬口表面不平整,圆弧不均匀,咬口缝不紧密,宽度不均匀,视其程度扣 1～10 分		
		外径或外边允许偏差小于 2 mm,不平度偏差不大于 2 mm	15	外径和边长超差 1 mm 扣 2 分,超差 2 mm 扣 4 分,依此类推;不平度超差 1 mm 扣 2 分,超差 2 mm 扣 4 分,依此类推		
		直径或边长允许偏差±5 mm	15	直径或边长超差 1 mm 扣 2 分,超差 2 mm 扣 4 分,依此类推		
		天圆地方两端中心线应重合,其偏心值不应大于天端外边长 1%,且不应大于 5 mm	15	两端中心线偏差超差 1 mm 扣 2 分,超差 2 mm 扣 4 分,依此类推		
		工时定额 2 h	5	提前不加分,每超过规定时间 5 min 扣 1 分		

续表

序号	考核内容	考核要求	配分	评分标准	实测	得分
4	安全文明生产，工程质量检验	(1)按安全技术操作规范施工； (2)严格按要求自检产品并做好标记	10	(1)每违反1次安全技术操作规定扣5分； (2)对自检产品每出现1次错误扣5分		

考评员签名：　　　　被鉴定人签名：　　　　年　　月　　日

S3　汽水分离器下料制作

一、考核准备

(一)材料准备

准备 ϕ273 mm×8 mm 无缝钢管，其他材料如图所示(单位：mm)，图中零件见表。

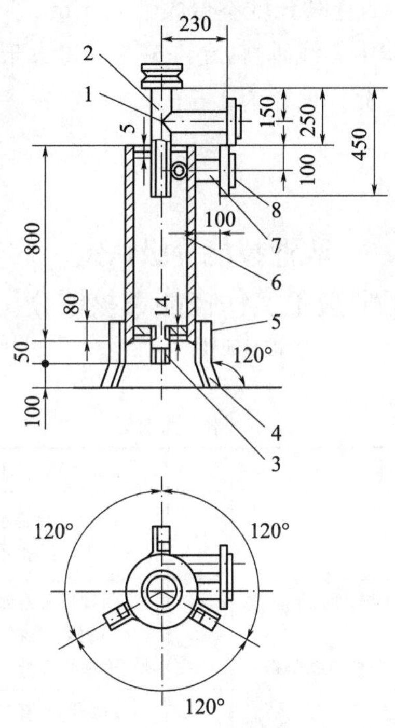

件号	名称	数量	规　格
1	接管	1	$D76\times4$
2	中心管	1	$D76\times4$
3	接管	1	$D22\times3$
4	支脚	3	$L50\times50\times4$
5	筒箍、筒底	2	$\delta=14$
6	筒体	1	$D273\times8, L=800$
7	接管	1	$D76\times4$
8	法兰	4	

(二)设备、工具准备

准备钢卷尺、钢板尺、剪子。

(三)考场准备

考场符合安全技术施工要求。

二、考核内容及要求

(一)考核内容

1. 穿好劳保服装,备齐劳动工具。
2. 施工现场整洁,物品摆放有序,考试准备规范,选用材料正确。
3. 按安全、技术操作规范施工,按要求自检产品并做好标记。
4. 所焊接处坡口不得小于45°,接口处间隙1.5～2.5 mm,钝边1～1.5 mm。
5. 焊缝加强面高度、宽度5 mm×5 mm,允许偏差±1 mm。
6. 咬肉深度应小于0.5 mm;连续长度不得大于2.5 mm。
7. 中心管、中心线应与筒体中心线垂直,允许偏差不得大于2 mm。
8. 接管法兰与筒体应垂直,允许偏差为1 mm。

(二)考核时限

工时定额9 h。

职业技能等级认定
管道工中级工实作技能考核评分记录表

单位：　　　姓名：　　　性别：　　　准考证号：　　　　　工种：　　　级别：

试题名称:汽水分离器下料制作　　　　　　　　　　　　考核时间:9 h

操作开始时间：　时　分　　　　　　操作结束时间：　时　分

序号	考核内容	考核要求	配分	评分标准	实测	得分
1	工作前准备	(1)劳保着装; (2)工具准备	10	(1)劳保着装不符合要求扣5分; (2)工具准备不符合要求每项扣2分		
2	物料、设施准备	(1)设施、现场整洁,物品摆放有序; (2)选用材料正确,考核准备规范	10	(1)现场脏乱每处扣1分; (2)材料选择不合理及准备工作不当,每项扣4分		
3	工作内容	所焊接处坡口不得小于45°,接口处间隙1.5～2.5 mm,钝边1～1.5 mm	15	坡口角度超差2 mm扣2分,超差4 mm扣4分,依此类推;间隙钝边超差1 mm扣2分,超差2 mm扣4分,依此类推		
		焊缝加强面高度、宽度5 mm×5 mm,允许偏差±1 mm	15	焊缝加强高度、宽度超差1 mm扣2分,超差2 mm扣4分,依此类推		
		咬肉深度应小于0.5 mm;连续长度不得大于2.5 mm	15	咬肉深度大于0.5 mm,连续长度大于25 mm,视其情节扣1～15分		
		中心管、中心线应与筒体中心线垂直,允许偏差不得大于2 mm	10	中心管中心线与筒体中心线垂直偏差超差1 mm扣2分,超差2 mm扣4分,依此类推		

续表

序号	考核内容	考核要求	配分	评分标准	实测	得分
3	工作内容	接管法兰与筒体应垂直，允许偏差为 1 mm	10	接管法兰与筒体垂直度超差 1 mm 扣 2 分，超差 2 mm 扣 4 分，依此类推		
		工时定额 9 h	5	提前不加分，每超过规定时间 10 min 扣 1 分		
4	安全文明生产，工程质量检验	(1)按安全技术操作规范施工； (2)严格按要求自检产品并做好标记	10	(1)每违反 1 次安全技术操作规定扣 5 分； (2)对自检产品每出现 1 次错误扣 5 分		

考评员签名：　　　　被鉴定人签名：　　　　年　　月　　日

S4　热煨胀力圈

一、考核准备

(一)材料准备

准备 ϕ89 mm×4 mm 无缝钢管，如图所示(单位：mm)。

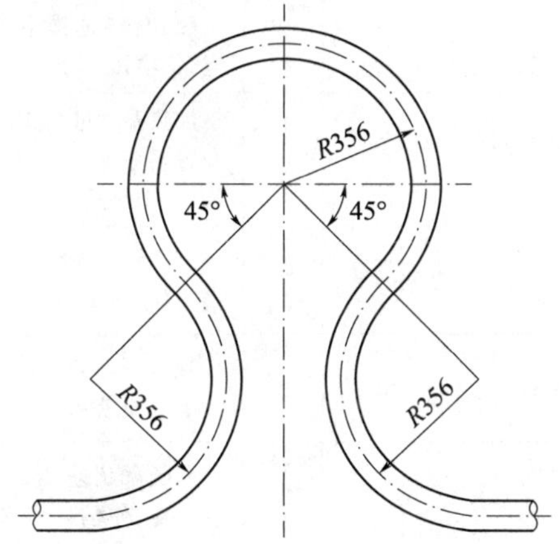

(二)设备、工具准备

准备钢卷尺、手锯、气焊工具、模具。

(三)考场准备

考场符合安全技术施工要求。

二、考核内容及要求

(一)考核内容

1. 穿好劳保服装，备齐劳动工具。
2. 施工现场整洁，物品摆放有序，考试准备规范，选用材料正确。
3. 按安全、技术操作规范施工，按要求自检产品并做好标记。

4. 煨弯现场布置完善，砂子粒度选择正确，加热温度适当。

5. 不得有裂纹、分层过烧等缺陷。

6. 减薄率不超过管壁厚度的15%。

7. 椭圆率不超过8%。

8. 弯曲角度不超过±5°。

9. 波浪度不得大于4 mm。

(二)考核时限

工时定额5 h。

职业技能等级认定
管道工中级工实作技能考核评分记录表

单位：　　　姓名：　　　性别：　　　准考证号：　　　　　　工种：　　　　级别：

试题名称：热煨胀力圈　　　　　　　　　　　　　　　　　　　　考核时间：5 h

操作开始时间：　　时　　分　　　　　　　　操作结束时间：　　时　　分

序号	考核内容	考核要求	配分	评分标准	实测	得分
1	工作前准备	(1)劳保着装； (2)工具准备	10	(1)劳保着装不符合要求扣5分； (2)工具准备不符合要求每项扣2分		
2	物料、设施准备	(1)设施、现场整洁，物品摆放有序； (2)选用材料正确，考核准备规范	10	(1)现场脏乱每处扣1分； (2)材料选择不合理及准备工作不当，每项扣4分		
3	工作内容	煨弯现场布置完善，砂子粒度选择正确，加热温度适当	10	加热温度过高扣5～10分；煨弯现场布置不完善，砂子粒度不标准根据程度扣5～10分		
		不得有裂纹、分层过烧等缺陷	15	有裂纹总成绩不合格，分层过烧视其情节扣1～15分		
		减薄率不超过管壁厚度的15%	10	减薄率超差1%扣2分，超差2%扣4分，依此类推		
		椭圆率不超过8%	10	椭圆率超差2%扣2分，超差4%扣4分，依此类推		
		弯曲角度不超过±5°	10	弯曲角度超差1°扣2分，超差2°扣4分，依此类推		
		波浪度不得大于4 mm	10	波浪度每超差1 mm扣2分，超差2 mm扣4分，依此类推		
		工时定额5 h	5	提前不加分，每超过规定时间5 min扣1分		
4	安全文明生产，工程质量检验	(1)按安全技术操作规范施工； (2)严格按要求自检产品并做好标记	10	(1)每违反1次安全技术操作规定扣5分； (2)对自检产品每出现1次错误扣5分		

考评员签名：　　　　　　　　　　　　被鉴定人签名：　　　　　　　　　　年　　月　　日

S5　方形补偿器的制作与安装

一、考核准备

准备水平尺、榔头、角尺等工具，热加工平台、焊机、千斤顶等。

二、考核内容及要求

1. 试题内容：一根 ϕ159 mm×4.5 mm 的蒸汽管道，温度为 155 ℃，安装时温度为 5 ℃，要求在管路上安装一方形补偿器(要求弯曲半径 $R=4D_w$)，如图所示。

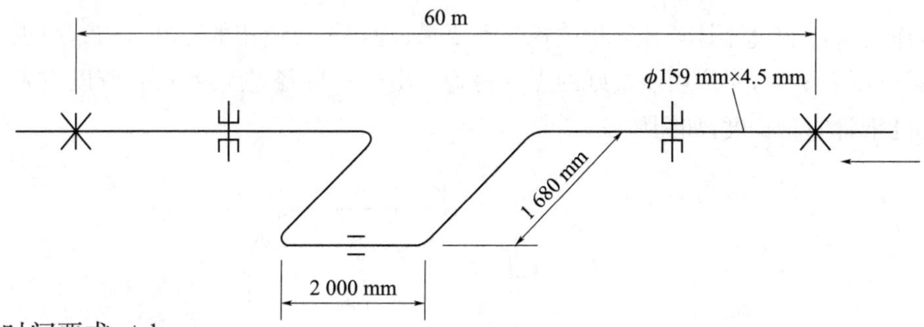

2. 时间要求：4 h。

3. 考核要求及评分标准见下表。

<table>
<tr><th colspan="2">考核项目</th><th>考核内容及考核要求</th><th>配分</th><th>评分标准</th></tr>
<tr><td colspan="2">一般项目</td><td>熟悉安装内容，确定安装程序；查阅相关资料；清理好施工场所；检查制作安装用工具、设备是否齐全完好；组织分配好相关配合人力</td><td>10</td><td>每做到一点得 2 分</td></tr>
<tr><td rowspan="3">主要项目</td><td rowspan="2">1. 方形补偿器的制作</td><td>(1)计算制作方形补偿器所需的总长度
计算出每个弯头的加热长度和起弯点</td><td>10</td><td>总长度计算错误扣 3 分，弯头加热长度计算错误扣 5 分，起弯点不准扣 2 分</td></tr>
<tr><td>(2)对直管的加热部分进行加热煨弯
①弯曲半径为：$R=4D_w$；②热弯时管子椭圆率不超过 8%；③四个弯处角度必是 90°，误差不能超过±2°；④四个弯头必须在同一平面内，平面歪扭偏差不应大于 3 mm/m，全长不得大于 10 mm；⑤补偿器臂长偏差不应大于±10 mm；⑥在热煨过程中操作应符合正确操作方法</td><td>35</td><td>第①～④项超差每项扣 6 分，第⑤项超差扣 3 分，违反操作规程适当扣 1～8 分</td></tr>
<tr><td>2. 安装补偿器</td><td>(1)对制作好的补偿器做全面检查，对达不到要求处进行校正；
(2)在补偿器安装时要进行预拉伸，预拉值偏差不能超过±10 mm，拉伸量为补长量的 50%；
(3)补偿器坡度与管道坡度应一致；
(4)冷紧接口要距离补偿器弯曲点 2～3 m；
(5)安装补偿器水平臂、自由臂上的支架，位置要准确，选型要合理；
(6)对照图样，检查方形补偿器的安装是否已达到规定要求，没达到则需要检修，直至合格</td><td>30</td><td>第(1)项工作做得不全面扣 1～3 分；第(2)项超差和操作方法不当扣 5～15 分；第(3)项超差扣 5 分；第(4)项超差扣 3 分；第(5)项工作做得不全面扣 5 分</td></tr>
</table>

续表

考核项目	考核内容及考核要求	配分	评分标准
综合项目	在制作安装过程中工序是否正确，人力安排是否合理，使用的安装制作方法是否便捷，安装工艺是否美观等	7	根据实际情况适量扣分
安全文明生产	1. 遵守国颁安全生产法规有关规定和企业自定有关规定； 2. 遵守企业有关文明生产规定	8	违反有关规定扣 1～5 分，工作场地不整洁，工具、设备不整齐可适量扣 1～3 分
时间定额	4 h		每超过 0.5 h 扣 5 分，超过 2 h 不评分

考评员签名：　　　　　　　　　　被鉴定人签名：　　　　　　　　　　年　　月　　日

4. 操作要求：先熟悉图样，查阅相关资料和要求，确定好要使用的工具、设备，组织好人力、物力，准备好所需材料，应选用质量好的无缝钢管。由于管外径是 159 mm，所以应采用热煨，先计算无缝钢管的总长度，如图所示。

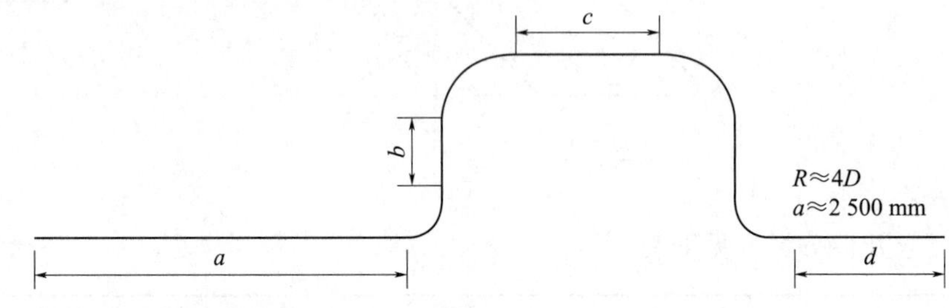

$$L = a + (b \times 2) + c + d + 4 \times 90 \cdot \pi R / 180$$
$$\approx 2\,500 + [(1\,680 - 2 \times 650) \times 2] + (2\,000 - 2 \times 650) + 300 + 4 \times 90 \times 3.14 \times 650 \div 180$$
$$= 8\,342(\text{mm})$$

当长度确定后，开始下料，并在管子上画好起弯点和加热长度，在画起弯点时，应注意量第二只弯头的弯曲中心时需扣除一个 $0.215R$ 值，同样以后每只弯头弯曲中心都要扣除一个 $0.215R$，以免累计误差增大。当线画好，加热火炬，加工平台一切都准备就绪后，可以向管内充沙。先将一端用木塞堵上，灌入洁净干燥的沙，并填实、封头。

加热时由于管径大，一台氧-乙炔加热过慢，用地炉鼓风机加热又麻烦，成本又高，所以应有两台氧-乙炔焰同时分段加热，加热时应经常转动管子，使管段周围受热均匀，使管子升温缓慢、均匀，以保证管子热透，并防止过烧和渗碳。一般管子表面呈现橙红色时，即达到所需温度，把管子固定在弯管平台上进行弯曲，弯曲时可用卷扬机或手拉葫芦进行，钢丝绳与管子角度应保持 90°左右（一般用导向滑轮控制在 90°±15°内）。用力应缓慢均匀，弯曲角度应在 92°左右，当达到需要角度时应立即卸力并浇水将该部分管段整个圆冷却，管段冷却后回弹 2°即角度刚好 90°左右。在热弯过程中如发现椭圆度过大、鼓包或出现较大褶皱，应立即停止弯曲，并趁热修整。以此方法煨好其他三个弯头，弯好后放在空气中缓慢冷却。冷却后将管子塞头去掉，清除黄沙，并吹扫干净，检查补偿器质量，不合要求的在平台上稍加校修。

当补偿器制作合格后，可以进行安装。方形补偿器要进行预拉伸，拉伸量为计算伸长量的 50%，将方形补偿器安装到位，用临时支架支承到与管线同一标高，将补偿器一头与管线对接焊好，另一头留出冷接焊口，焊口空隙为 1/2 计算伸长量，再将两端固定支架牢固固定，阀件螺栓全部拴紧，用拉管器或手拉葫芦对冷紧口进行拉拔，直至将管口对齐点焊，待焊工焊完并充分冷却后拆除拉紧工具。最后根据图样位置在补偿器自由臂上加上正式导向支架。

S6 热弯胀力圈

一、考核准备

(一)材料准备

准备 ϕ32 mm×3.5 mm 无缝钢管，如图所示(单位：mm)。

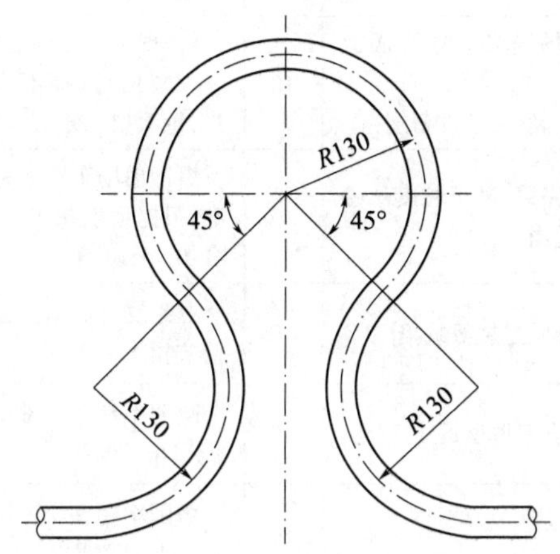

(二)设备、工具准备

准备钢卷尺、气焊工具、模具。

(三)考场准备

考场符合安全技术施工要求。

二、考核内容及要求

(一)考核内容

1. 穿好劳保服装，备齐劳动工具。
2. 施工现场整洁，物品摆放有序，考试准备规范，选用材料正确。
3. 按安全、技术操作规范施工，按要求自检产品并做好标记。
4. 煨弯现场布置完善，砂子粒度选择正确，加热温度适当。
5. 不得有裂纹、分层过烧等缺陷。
6. 减薄率不超过 15%。
7. 椭圆率不超过 8%。
8. 弯曲角度不超过±5°。
9. 波浪度不得大于 4 mm。

(二)考核时限

工时定额 2 h。

职业技能等级认定
管道工中级工实作技能考核评分记录表

单位：　　　　姓名：　　　　性别：　　　　准考证号：　　　　　　　　工种：　　　　级别：

试题名称：热弯胀力圈　　　　　　　　　　　　　　　　　　　　　　　　考核时间：2 h

操作开始时间：　时　　分　　　　　　　　操作结束时间：　时　　分

序号	考核内容	考核要求	配分	评分标准	实测	得分
1	工作前准备	(1)劳保着装； (2)工具准备	10	(1)劳保着装不符合要求扣 5 分； (2)工具准备不符合要求每项扣 2 分		
2	物料、设施准备	(1)设施、现场整洁，物品摆放有序； (2)选用材料正确，考核准备规范	10	(1)现场脏乱每处扣 1 分； (2)材料选择不合理及准备工作不当，每项扣 4 分		
3	工作内容	煨弯现场布置完善，砂子粒度选择正确，加热温度适当	10	煨弯现场布置不完善，砂子粒度不标准，根据程度扣 1～10 分，加热程度过高扣 5～10 分		
		不得有裂纹、分层过烧等缺陷	15	有裂纹总成绩不合格，分层过烧视其情节扣 1～15 分		
		减薄率不超过管壁厚度的 15%	10	减薄率超差 1%扣 2 分，超差 2%扣 4 分，依此类推		
		椭圆率不超过 8%	10	椭圆率超差 2%扣 2 分，超差 4%扣 4 分，依此类推		
		弯曲角度不超过±5°	10	弯曲角度超差 1°扣 2 分，超差 2°扣 4 分，依此类推		
		波浪度不得大于 4 mm	10	波浪度每超差 1 mm 扣 2 分，超差 2 mm 扣 4 分，依此类推		
		工时定额 2 h	5	提前不加分，每超过规定时间 5 min 扣 1 分		
4	安全文明生产，工程质量检验	(1)按安全技术操作规范施工； (2)严格按要求自检产品并做好标记	10	(1)每违反 1 次安全技术操作规定扣 5 分； (2)对自检产品每出现 1 次错误扣 5 分		

考评员签名：　　　　　　　　　　被鉴定人签名：　　　　　　　　　　年　　月　　日

S7　按图编制油漆清单

一、考核准备

(一)材料准备

准备 ϕ219 mm×6 mm 无缝钢管，如图所示(单位：mm)。

(二)设备、工具准备

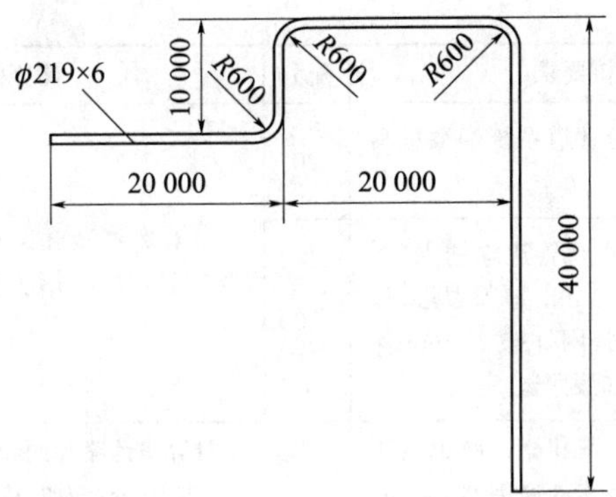

准备计算工具、钢卷尺。

(三)考场准备

考场符合安全技术施工要求。

二、考核内容及要求

(一)考核内容

1. 穿好劳保服装,备齐劳动工具。

2. 施工现场整洁,物品摆放有序,考试准备规范,选用材料正确。

3. 按安全、技术操作规范施工,按要求自检产品并做好标记。

4. 按图管道系统编制一份油漆材料清单(不加余量)。

5. 施工步骤是:先将管道除锈,刷两遍防锈漆,外包 50 mm 厚保温层,保温层外包铁丝网,网外抹 20 mm 保护壳,外刷红调和漆两遍。

6. 计算共用多少调和漆:(施工定额每 10 m^3)刷防锈漆两遍需 2.43 kg,刷调和漆两遍需 2.39 kg。

(二)考核时限

工时定额 40 min。

职业技能等级认定
管道工中级工实作技能考核评分记录表

单位: 姓名: 性别: 准考证号: 工种: 级别:

试题名称:按图编制油漆清单 考核时间:40 min

操作开始时间: 时 分 操作结束时间: 时 分

序号	考核内容	考核要求	配分	评分标准	实测	得分
1	工作前准备	(1)劳保着装; (2)工具准备	10	(1)劳保着装不符合要求扣 5 分; (2)工具准备不符合要求每项扣 2 分		
2	物料、设施准备	(1)设施、现场整洁,物品摆放有序; (2)选用材料正确,考核准备规范	10	(1)现场脏乱每处扣 1 分; (2)材料选择不合理及准备工作不当,每项扣 4 分		

续表

序号	考核内容	考核要求	配分	评分标准	实测	得分
3	工作内容	按图编制一份管道系统油漆材料清单(不加余量)	20	计算防锈漆和调和漆用量,增加、减少5%扣10分;增加、减少10%扣20分		
		施工步骤是:先将管道除锈,刷两遍防锈漆,外包50 mm厚保温层,保温层外包铁丝网,网外抹20 mm保护壳,外刷红调和漆两遍	20			
		计算共用多少调和漆:(施工定额每10 m^2)刷防锈漆两遍需2.43 kg,刷调和漆两遍需2.39 kg	20	计算防锈漆和调和漆用量,增加、减少5%扣10分;增加、减少10%扣20分,依此类推		
		工时定额40 min	10	在规定时间内完成,超过规定时间不予评分,按不及格处理		
4	安全文明生产,工程质量检验	(1)按安全技术操作规范施工; (2)严格按要求自检产品并做好标记	10	(1)每违反1次安全技术操作规定扣5分; (2)对自检产品每出现1次错误扣5分		

考评员签名: 被鉴定人签名: 年 月 日

S8 热煨抱弯

一、考核准备

(一)材料准备

准备DN20水煤气管,如图所示(单位:mm)。

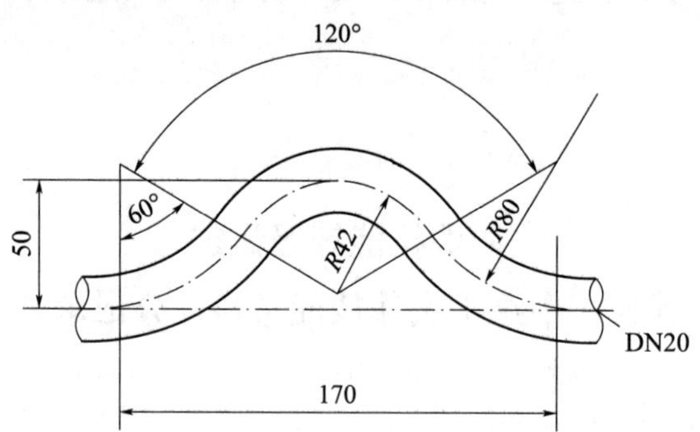

(二)设备、工具准备

准备钢卷尺、气焊工具、手锯。

(三)考场准备

考场符合安全技术施工要求。

二、考核内容及要求

(一)考核内容

1. 穿好劳保服装,备齐劳动工具。
2. 施工现场整洁,物品摆放有序,考试准备规范,选用材料正确。
3. 按安全、技术操作规范施工,按要求自检产品并做好标记。
4. 煨弯现场布置完善,砂子粒度选择正确,加热温度适当。
5. 不得有裂纹、分层过烧等缺陷。
6. 减薄率不超过 15%。
7. 椭圆率不超过 8%。
8. 弯曲角度不超过±5°。
9. 波浪度不得大于 4 mm。

(二)考核时限

工时定额 50 min。

职业技能等级认定
管道工中级工实作技能考核评分记录表

单位：　　姓名：　　性别：　　准考证号：　　工种：　　级别：

试题名称：热煨抱弯　　考核时间：50 min

操作开始时间：　时　分　　操作结束时间：　时　分

序号	考核内容	考核要求	配分	评分标准	实测	得分
1	工作前准备	(1)劳保着装； (2)工具准备	10	(1)劳保着装不符合要求扣 5 分； (2)工具准备不符合要求每项扣 2 分		
2	物料、设施准备	(1)设施、现场整洁,品摆放有序； (2)选用材料正确,考核准备规范	10	(1)现场脏乱每处扣 1 分； (2)材料选择不合理及准备工作不当,每项扣 4 分		
3	工作内容	煨弯现场布置完善,砂子粒度选择正确,加热温度适当	10	煨弯现场布置不完善,砂子粒度不标准,根据程度扣 1～10 分,加热程度过高扣 5～10 分		
		不得有裂纹、分层过烧等缺陷	15	有裂纹总成绩不合格,分层过烧视其情节扣 1～15 分		
		减薄率不超过管壁厚度的 15%	10	减薄率超差 1%扣 2 分,超差 2%扣 4 分,依此类推		
		椭圆率不超过 8%	10	椭圆率超差 2%扣 2 分,超差 4%扣 4 分,依此类推		
		弯曲角度不超过±5°	10	弯曲角度超差 1°扣 2 分,超差 2°扣 4 分,依此类推		
		波浪度不得大于 4 mm	10	波浪度每超差 1 mm 扣 2 分,超差 2 mm 扣 4 分,依此类推		
		工时定额 50 min	5	提前不加分,每超过规定时间 1 min 扣 1 分		

续表

序号	考核内容	考核要求	配分	评分标准	实测	得分
4	安全文明生产，工程质量检验	(1)按安全技术操作规范施工； (2)严格按要求自检产品并做好标记	10	(1)每违反1次安全技术操作规定扣5分； (2)对自检产品每出现1次错误扣5分		

考评员签名：　　　　被鉴定人签名：　　　　年　　月　　日

S9　洗面盆安装

一、考核准备

(一)材料准备

准备洗面盆、洗面盆支架、排水栓，如图所示(单位：mm)。

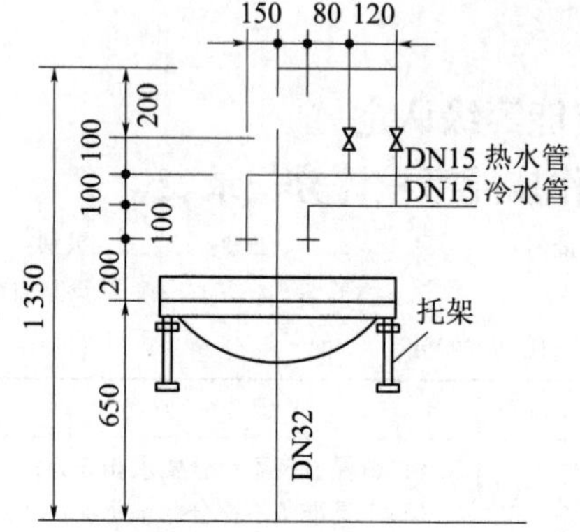

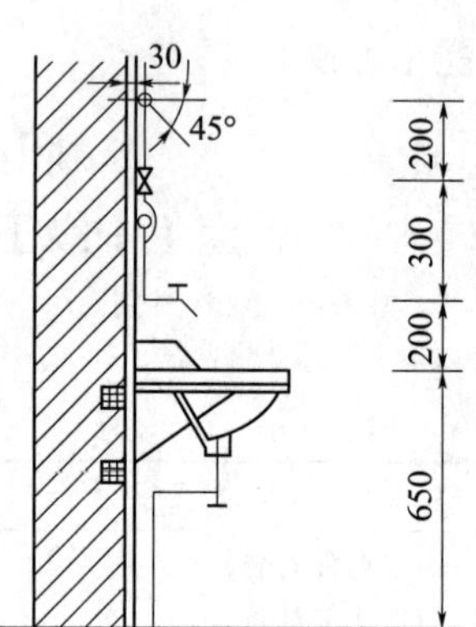

(二)设备、工具准备

准备管钳、活扳手、冲击钻。

(三)考场准备

考场符合安全技术施工要求。

二、考核内容及要求

(一)考核内容

1. 穿好劳保服装，备齐劳动工具。
2. 施工现场整洁，物品摆放有序，考试准备规范，选用材料正确。
3. 按安全、技术操作规范施工，按要求自检产品并做好标记。
4. 卫生器连接管煨弯应均匀一致，不得有凹凸等缺陷。
5. 支架安装应平整、牢固，与器具接触应紧密。
6. 安装应平直，垂直度的偏差不得超过 5 mm，安装高度允许偏差±10 mm。
7. 管道的安装尺寸允许偏差±5 mm。

(二)考核时限

工时定额 5 h。

职业技能等级认定
管道工中级工实作技能考核评分记录表

单位：　　　　姓名：　　　　性别：　　　　准考证号：　　　　　　　工种：　　　　级别：

试题名称：洗面盆安装　　　　　　　　　　　　　　　　　　　　　　　　考核时间：5 h

操作开始时间：　时　分　　　　　　　　　操作结束时间：　时　分

序号	考核内容	考核要求	配分	评分标准	实测	得分
1	工作前准备	(1)劳保着装； (2)工具准备	10	(1)劳保着装不符合要求扣 5 分； (2)工具准备不符合要求每项扣 2 分		
2	物料、设施准备	(1)设施、现场整洁，物品摆放有序； (2)选用材料正确，考核准备规范	10	(1)现场脏乱每处扣 1 分； (2)材料选择不合理及准备工作不当，每项扣 4 分		
3	工作内容	卫生器连接管煨弯应均匀一致，不得有凹凸等缺陷	15	卫生器具连接管煨弯不均匀有凹凸缺陷，酌情扣 1～15 分		
		支架安装应平整、牢固，与器具接触应紧密	15	支架安装不平不牢固，与器具接触不紧密，视情节扣 1～15 分		
		安装应平直，垂直度的偏差不得超过 5 mm，安装高度允许偏差±10 mm	20	垂直度超差 1 mm 扣 2 分，超差 2 mm 扣 4 分，依此类推；高度超差 1 mm 扣 2 分，超差 2 mm 扣 4 分，依此类推		
		管道的安装尺寸允许偏差±5 mm	15	管道安装尺寸超差 1 mm 扣 2 分，超差 2 mm 扣 4 分，依此类推		
		工时定额 5 h	5	提前不加分，每超过规定时间 10 min 扣 1 分		
4	安全文明生产，工程质量检验	(1)按安全技术操作规范施工； (2)严格按要求自检产品并做好标记	10	(1)每违反 1 次安全技术操作规定扣 5 分； (2)对自检产品每出现 1 次错误扣 5 分		

考评员签名：　　　　　　　　　　被鉴定人签名：　　　　　　　　　　年　月　日

S10　法兰连接热动力式疏水组装

一、考核准备

(一)材料准备

准备疏水器、除污器、焊接钢管，如图所示(单位：mm)，图中零件见表。

(二)设备、工具准备

准备气焊工具、活扳手、剪子、钢卷尺。

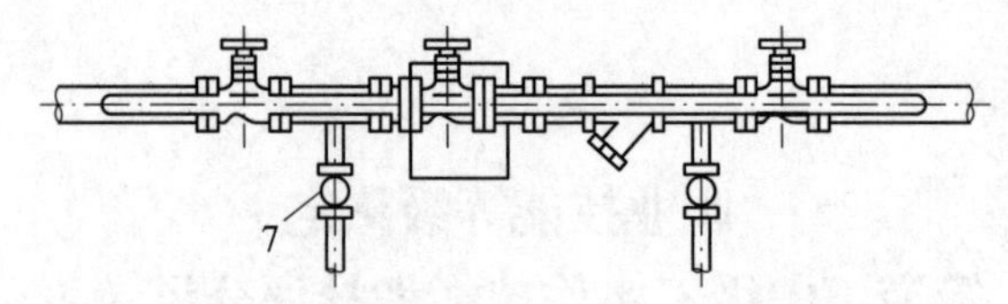

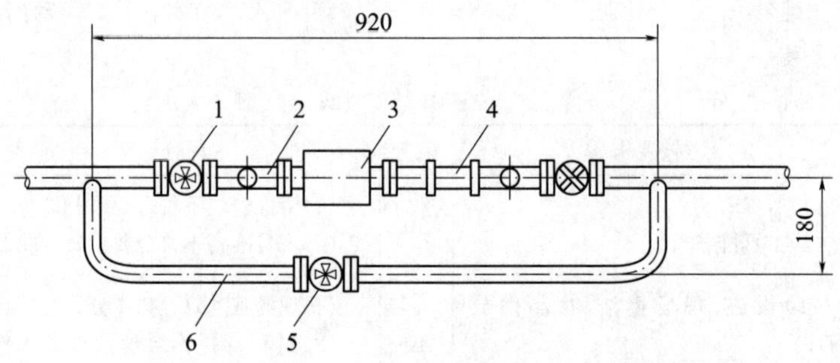

件号	名称	规格	数量	备　注
1	截止阀	DN25	2	PN1.6 MPa
2	短管	DN25	2	焊接钢管
3	疏水器	DN25	1	PN1.6 MPa
4	除污器	DN25	1	—
5	截止阀	DN20	1	PN1.6 MPa
6	焊接钢管	DN20	—	1.4 m
7	截止阀	DN15	2	PN1.6 MPa

(三)考场准备

考场符合安全技术施工要求。

二、考核内容及要求

(一)考核内容

1. 穿好劳保服装,备齐劳动工具。

2. 施工现场整洁,物品摆放有序,考试准备规范,选用材料正确。

3. 按安全、技术操作规程施工,按要求自检产品并做好标记。

4. 法兰密封面及密封垫应进行外观检查,不得有影响密封性能的缺陷存在。

5. 焊接时,要使管子和法兰端面垂直,其垂直偏差不得超过±2 mm。

6. 法兰连接应保持同轴,螺栓中心偏差不超过孔径的5%,并保证螺栓自由穿入。

7. 管子插入法应使其端部与法兰密封面的距离保持在1.3~1.5倍的管壁厚度,允差±2 mm。

8. 应使用同一规格的螺栓,安装方向一致,紧固时应对称均匀进行,松紧适度,紧固后丝扣露出长度等于螺栓直径的1/2。

(二)考核时限

工时定额1 h。

职业技能等级认定
管道工中级工实作技能考核评分记录表

单位：　　　　姓名：　　　性别：　　　准考证号：　　　　　　　工种：　　　级别：

试题名称：法兰连接热动力式疏水组装　　　　　　　　　　　　　　　　　　考核时间：1 h

操作开始时间：　　时　　分　　　　　　　　　操作结束时间：　　时　　分

序号	考核内容	考核要求	配分	评分标准	实测	得分
1	工作前准备	(1)劳保着装； (2)工具准备	10	(1)劳保着装不符合要求扣5分； (2)工具准备不符合要求每项扣2分		
2	物料、设施准备	(1)设施、现场整洁，物品摆放有序； (2)选用材料正确，考核准备规范	10	(1)现场脏乱每处扣1分； (2)材料选择不合理及准备工作不当，每项扣4分		
3	工作内容	法兰密封面及密封垫应进行外观检查，不得有影响密封性能的缺陷存在	10	对法兰密封及密封垫不做外观检查，影响密封，酌情扣1～10分		
		焊接时，要使管子和法兰端面垂直，其垂直偏差不得超过±2 mm	10	焊接后管子和法兰端部垂直偏差超差1 mm扣2分，超差2 mm扣4分，依此类推		
		法兰连接应保持同轴，螺栓中心偏差不超过孔径的5%，并保证螺栓自由穿入	15	螺栓中心偏差超差1%扣2分，超差2%扣4分，依此类推		
		管子插入法兰应使其端部与法兰密封面的距离保持在1.3～1.5倍的管壁厚度，允差±2 mm	15	管子插入法兰其端部与法兰密封面的距离超差1 mm扣1分，超差2 mm扣4分，依此类推		
		用同一规格的螺栓，安装方向一致，紧固时应对称均匀进行，松紧适度，紧固后丝扣露出长度等于螺栓直径的1/2	15	螺栓规格、安装方向，紧固程度，紧固后丝扣露出长度不按要求做，酌情扣1～15分		
		工时定额1 h	5	提前不加分，每超过规定时间2 min扣1分		
4	安全文明生产，工程质量检验	(1)按安全技术操作规范施工； (2)严格按要求自检产品并做好标记	10	(1)每违反1次安全技术操作规定扣5分； (2)对自检产品每出现1次错误扣5分		

考评员签名：　　　　　　　　　　　　被鉴定人签名：　　　　　　　　　　　年　　月　　日

第三部分 高 级 工

1. 什么是密度?

答:单位体积内所含物质的质量。

2. 什么是黏滞性?

答:流体各流质的流度不同,相邻两流程产生相对运动,使流程的接触面上产生一种相互作用的剪切力。

3. 什么是热胀性?

答:流体在温度升高(或降低)时,体积发生变化的性质。

4. 什么是压缩性?

答:流体在压力升高(或降低)时,体积发生变化的性质。

5. 什么是表面张力?

答:流体具有自由表面,而且存在着使自由表面自动收缩到最小表面形状的力。

6. 民用管道包括哪些管道?

答:民用管道包括给水、排水、热水供应、采暖、煤气及通风等管道。

7. 工业生产用管道包括哪些管道?

答:工业生产用管道包括蒸汽、凝结水、压缩空气、煤气、氧气、乙炔油类、给水、排水及通风等管道。

8. 管道工的职业定义是什么?

答:管道工是使用机具进行管道工程的安装、调试、维修和管网系统测试的工种。

9. 铸铁管按连接方式可分为哪两种?

答:铸铁管按连接方式可分为承插式和法兰式两种。

10. 混凝土管分为哪三种？

答：混凝土管分为一般混凝土管、钢筋混凝土管、预应力钢筋混凝土管三种。

11. 钢筋混凝土管通常用于哪些管路？

答：钢筋混凝土管通常用于工作压力不超过 0.4 MPa 的低压给水、排水管道。

12. 什么叫管件？并列述部分管件。

答：管路连接部分的成型零件称为管件，如弯头、三通、管接头、异径管、法兰等。

13. 在管道工程中，如果需要在一处连接三种或四种不同的管径，应如何解决？

答：可以通过内外螺母（补心）、六角内接头（外丝）、大小头等解决。

14. 在管路连接中，密封材料起密封作用，列述常用的密封材料。

答：常用的密封材料有水泥、麻、石棉绳、石棉橡胶板、铅油、铅粉、沥青胶等。

15. 在管路上经常要使用防腐材料，列述常用的防腐材料。

答：常用的防腐材料有沥青、油毡、防腐漆、防锈漆、银粉漆、底子油等。

16. 阀门按结构分为哪七类？

答：阀门按结构分为切断阀、止回阀、节流阀、蝶阀、减压阀、安全阀、疏水阀。

17. 水表的工作原理是什么？

答：当管径一定时流速和流量呈正比，并利用水流带动水表叶轮转动以指示水量。

18. 流体的共同特征是什么？

答：流体的共同特征是易于流动和没有固定形状。

19. 流体压强的基本特征是什么？

答：(1)流体压强的方向与作用面垂直，并指向作用面。

(2)任意一点上各方向的流体压强均相等。

20. 什么叫流线？

答：流线表示某一时刻内水流连续支点的运动方向。

21. 什么叫恒定流？

答：恒定流指当流体运动时，流体内任意点的流速、压强均不随时间变化而变化。

22. 什么叫有压流?

答:有压流指流体沿流程各过流断面的整个周界都与固体表面接触而无自由表面的流体。

23. 锅炉工作包括哪三个同时进行的过程?

答:锅炉工作包括燃料的燃烧、烟气筒水(汽等)传热、水的汽化三个同时进行的过程。

24. 什么是工质?

答:凡用来将热能转变为机械能或用来传递热能的媒介物质统称为工质。

25. 什么叫比容?

答:比容是指单位质量的工质所占有的容积。

26. 什么叫内能?

答:气体的内能是内位能和内动能之和。

27. 什么叫理想气体?

答:所谓理想气体是指分子间完全没有引力,而且分子本身不占有体积的一种假想气体。

28. 什么叫热量?

答:所传的热的多少称为热量。

29. 什么叫比热容?

答:单位数量的工质当温度升高 1 K 所吸收或放出的热量称为比热容。

30. 常用的长度单位有哪种?

答:常用的长度单位有公制和英制两种。我国采用公制长度单位。

31. 金属材料淬火的目的是什么?

答:①提高钢件的强度和硬度;②提高耐磨性和其他机械性能。

32. 常见的齿轮有哪些种类?

答:常见的齿轮分为圆柱齿轮、圆锥齿轮和蜗轮蜗杆三类。

33. 水平仪有什么用途?

答:水平仪用以检查平面的平直度,如检查机床导轨;还用以检查平面对水平或垂直面的位置偏差等。

34. 金属材料有哪些基本机械性能?

答:金属材料的基本机械性能一般包括弹性、强度、硬度、塑性、韧性和抗疲性等。

35. 什么是塑性?

答:金属材料在外力作用下,产生塑性变形而不断裂的能力称为塑性。

36. 金属材料的工艺性能有哪些?

答:有金属材料的铸造性、可锻性、可焊性及切削加工性。

37. 气焊(割)常用工具有哪些?

答:常用工具有焊炬、割炬、橡皮胶管、扳手、钳子、通针工具箱等。

38. 金属材料热煨后进行热处理的目的是什么?

答:是为了恢复管道热煨中已变化了的金相组织,消除残余应力和防止晶间腐蚀及应力腐蚀。

39. 什么是强度?

答:在外力作用下,金属材料抵抗变形和破坏的能力称为强度。抵抗外力的能力越大,则强度越高。

40. 什么是理想气体方程式?

答:温度、压力、比容是理想气体的基本状态参数,用以表明这些状态参数相互关系的式子称为理想气体方程式。

41. 什么是锅炉的热效率?

答:锅炉的热效率是指每小时送进锅炉内的燃料全部完全燃烧时所能发出的热量中,被有效利用来产生蒸汽或加热水的百分数。

42. 什么叫相对压强、绝对压强?

答:相对压强是以当地大气压强为零点起算的压强;绝对压强是以绝对真空状态作为零点而计算的压强。

43. 压缩空气站有哪些主要设备?

答:压缩空气站主要设备有空气压缩机、空气过滤器、后冷却器、贮气罐。

44. 为什么可以通过管道把流体输送到指定地点?

答:利用流体的流动性,在外力的作用下,可使流体通过管道连续地输送到指定地点。

45. 为什么气体既无固定的形态,又无固定体积?

答:气体各支点的内聚力极小,不能承受拉力和抵抗拉伸变形,而且很容易被压缩,所以既无固定的形态,又无固定体积。

46. 阀门型号七个单元分别表示什么?

答:阀门型号的七个单元依次表示阀门类型代号、驱动方式、连接形式、结构形式、密封圈或衬里材料、公称压力、阀体材料。

47. 蝶阀的工作过程是什么?

答:蝶阀工作时,旋转手柄使驱动装置带动阀门板,绕阀体内一固定轴旋转,由转动角度的大小达到启闭和节流的作用。

48. 安全阀按开启高度不同分为哪两种? 分别用于什么介质场合?

答:按开启高度不同安全阀可分为微启式和全启式两种,其中微启式主要用于液体介质场合,全启式主要用于气体或蒸汽介质场合。

49. 给水管网水力计算的任务是什么?

答:任务是确定用水量,根据用水量选定适当的经济流速,从而确定给水管道所需要的管径。

50. 回火的目的是什么?

答:目的是细化晶粒、减少内应力,降低钢的硬度和脆性,提高塑性和韧性,改善机械加工性能。

51. 退火的目的是什么?

答:目的是降低硬度,改善切削、加工性能和机械性能,使晶粒变细,提高强度,增加塑性和韧性,消除和减小内部化学成分的不均匀性和内应力。

52. 给水管道的材料是如何选用的?

答:给水管道的选用应根据水质要求来选用,生活饮用水应选用镀锌钢管、塑料管。管径不大于 150 mm 时,可采用给水铸铁管、塑料管。所选用的钢管件应与要求的管件相适应。

53. 锅炉缺水如何处理?

答:锅炉缺水应先判断缺水程度,如果轻微缺水,可打开水泵,向锅炉上水;如严重缺水,应紧急停炉、停火,降低炉膛和炉管温度,直至与炉内蒸汽温度相当,再向锅炉补水,启炉升火。

54. 锅炉试水为何要用热水?

答:锅炉试水如采用冷水,水温太低时,水管的表面会出现凝结水,试压中如果有微量的渗水与凝结水混淆不容易发现,故锅炉试水要用热水。

55. 锅炉试水所用热水为何不能超过 60 ℃?

答:锅炉试水所用热水如超过 60 ℃,如果试压中有微量渗水,则所渗热水会很快蒸发掉,从而难以发现有渗水现象,故规定水温不能超过 60 ℃。

56. 管道工程所用的管材可分为哪两种? 这两种分别又包括哪些管材?

答:管道工程所用的管材可分为金属管材和非金属管材,其中金属管材又分为钢管、铸铁管和有色金属管,非金属管材又分为钢筋混凝土管、石棉水泥管、塑料管、陶土管等。

57. 无缝钢管通常用于哪些管路?

答:无缝钢管多用于压力较高的管路,如氧气管路、压缩空气管路、热力管路、氨制冷管路、乙炔管路,以及除强腐蚀性介质以外的各种化工管路。

58. 异径管接头的分类和用途是什么?

答:异径管接头分为同轴(心)和偏心两种,其中同轴(心)异径管接头用于直线连接两根直径不同的管路;偏心异径管接头用于连接同一管底标高的两根。

59. 锅炉的受热面由哪几部分组成?

答:锅炉的受热面由主要受热面、辅助受热面两部分组成。主要受热面有汽包水热壁和对流管束,辅助受热面有过热器、省煤器和空气预热器。

60. 为什么要进行烘炉和煮炉?

答:烘炉的目的是把炉墙中的水分慢慢烘干,以免运行时加热过快,墙内水分急剧蒸发,引起墙体裂纹;煮炉的目的是除掉锅炉内的油污和铁锈。

61. 什么是温度、绝对温度与摄氏温度?

答:温度就是表示物体冷热程度的一个标志;用绝对温标表示的温度就是绝对温度;用摄氏温标表示的温度就是摄氏温度。

62. 什么叫压力?

答:流体作用于容器壁单位面积上的垂直作用力称为压强,在工程上人们习惯于将其称为压力。

63. 什么是热力学第一定律?

答:热能与机械能间互相转换,必须符合能量转换和守恒定律,即在转换中,能的总量保持不变,这就是热力学第一定律。

64. 压缩空气具有哪些良好的应用性能?

答:压缩空气清晰透明、不污染环境、无毒无味,没有中毒、起火危险,体轻,不凝结,输送方便。

65. 油水分离器的作用原理是什么?

答:油水分离器使压缩空气流在设备中发生急剧方向改变降低速度,使气体与四壁撞击、摩擦或产生离心力,从而将油滴、水滴分离出来。

66. 气割原理是什么?

答:气割是根据金属在切割气流中燃烧,生成氧化物熔渣和产生大量热量的反应,并利用切割氧的动能吹除熔渣,使割件形成切口的原理。

67. 什么是安全带"高挂低用"? 为什么要"高挂低用"?

答:将安全带挂在高处,人在下面作业就是"高挂低用"。这样可以使有坠落发生时的实际冲击距离减小。

68. 高压化工介质有何特点?

答: 压力高、温度高、腐蚀性强、渗透力强、脉动大。

69. 什么是制冷?

答: 制冷就是将某一空间及物体的温度降低到周围环境介质的温度下,并维持这个低温的过程。为了达到这一目的,就必须不断地从该物体中取出热量,并转移到周围介质中去,这个过程叫制冷。

70. 正火的目的是什么?

答:正火的目的是消除工件内部过大的应力,细化晶粒,均匀组织,改变不合理组织结构,获得一定范围内的机械性能。

71. 什么是管道的法兰连接?

答:用螺栓将固定在管件上的一对法兰盘拉紧密封,使管件连接成一个可拆卸的整体,称为管道法兰连接。

72. 如何预防过热器爆炸事故？

答：控制水和汽的品质，防止热偏差，保证安装和检修质量，经常做好维护和保养，注意疏水，不使管内积水引起内壁腐蚀。

73. 钠离子软化的原理是什么？

答：利用钠离子交换器中已分解了的磺化煤或沸石中的钠离子来置换硬水中的镁钙离子，使硬水变成软化水。

74. 室内安装的透气管有何作用？

答：透气管的作用有两个，一个是使下水管网的有害气体能排至大气中，减少有害气体进入室内的可能性；二是保证管网不产生负压而破坏卫生设备的水封。

75. 管道施工中，搬运和吊装有哪些基本方法？

答：滑管、滚管、抬运、推运、撬管、点移、顶管、卷拉、搭架下管、吊管。

76. 热力管道安装的特殊要求是什么？

答：(1)室外应有不小于 2‰、室内应有不小于 3‰的坡度，坡向应与介质流向一致，蒸汽管道要坡向疏水器；

(2)管路中应设一定数量的补偿器，且安装时要预拉伸；

(3)蒸汽管路最低点要设疏水装置，热水管最高点要设放气装置；

(4)支架中心必须与管道中心一致，靠近补偿器两侧的几个滑动管托应相对于支架偏心安装；

(5)必须采取保温措施。

77. 根据下图计算提料，管材为 DN20 镀锌钢管。

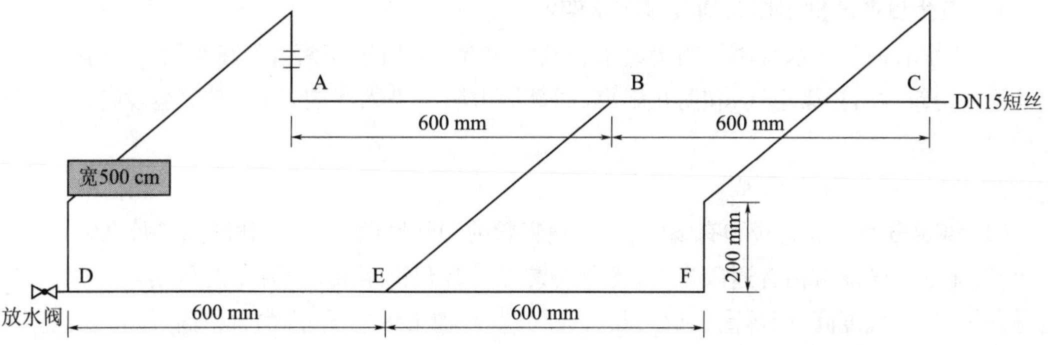

答：DN20 镀锌钢管 5 m、DN20 活接 3 个、DN20 三通 4 个、DN20 弯头 6 个、DN20 短接 3 个、DN20 阀门 1 个、DN20×15 补芯 1 个、DN15 短丝 1 个。

78. 卫生器具的种类有哪些？列出十种常用的卫生器具名称。

答:卫生器具的种类有陶瓷类、搪瓷类和水磨石、混凝土制品类等，常用卫生器具有脸盆、大便器、小便器、化验盆、拖布池、盥洗池、洗菜洗碗池、清扫口、妇女卫生盆、倒便器、浴盆、淋浴器、洗涤盆等(只要列出上面10种卫生器具即可)。

79. 锅炉铆缝渗漏如何处理？

答:如果铆杆牢固，钉头又正常，仅钉头边缘渗漏，可沿钉头边缘再捻紧一下；如果钉头松弛，钉杆断裂或钉头严重腐蚀，则必须更换铆钉；如果铆钉和钢板正常，可以沿局部铆缝重捻一下，而铆缝渗漏、铆钉有松弛的情况就必须更换铆钉再重新捻缝。

80. 简述低压聚乙烯的生产过程。

答:将配制好的四氯化钛和烷基铝混合催化剂及汽油或庚烷溶剂送入聚合釜，并加入高纯度的乙烯，在60～80 ℃和101～505 kPa压力下进行聚合反应，聚合物用甲醇洗涤除去金属氧化剂，再进行水洗、干燥即得聚乙烯成品。

81. 水冷壁及对流管束爆破有什么现象？

答:爆破时有显著的响声，爆破后有喷汽声，燃烧室内负压变正压，有炉烟和蒸汽从炉墙上各种门孔内大量喷出，水位迅速下降；蒸汽压和给水压力下降，排烟温度下降；炉内火焰发暗，燃烧不稳定或熄灭；给水流量增加，蒸汽流量明显下降。

82. 热水采暖有何优缺点？

答:热水采暖优点是室内采暖温度平稳使人感觉舒适；热水温度根据不同情况而调节因而节省燃料；采暖热水能循环使用，因而节约水量；管道使用年限较蒸汽采暖长。热水采暖缺点是散热设备较蒸汽采暖系统多，因而设备费用大，不宜用于间歇供热的场所。

83. 卫生设备的排出口为何要设存水弯？

答:排水管内及下水管阴沟内的废水和气体中常含有有害病菌且气味难闻，为了阻止这些气体返回建筑物内污染空气，和防止甲虫、蟑螂等由阴沟进入室内，所以在卫生设备的排出口装设存水弯。

84. 钢管分为无缝钢管和有缝钢管，无缝钢管的制作原料、方法和优缺点是什么？

答:无缝钢管通常由普通碳素钢、优质碳素钢及合金钢制成，分为冷拔和热轧两种。优点是品种规格多、强度高、耐压高、韧性强、管段长、容易加工焊接；缺点是价格高、易腐蚀、使用寿命不长。

85. 为什么液体没有固定的形态，但有固定体积并能形成自由表面？

答：液体各支点的内聚力极小，几乎不能承受拉力和抵抗拉伸变形，因而不能保持固定的形状，但能承受压力，并对压缩变形有很大的抵抗力，所以有固定体积并能形成自由表面。

86. 锅炉满水如何处理？

答：锅炉满水应先校对水位表的真实性，判断满水程度，如是轻微满水，可关小鼓风机和引风机的调风门，使燃烧减弱，停止给水，开启排污阀放水直至水位正常。如严重满水，先按紧急停炉程序停炉，再停止给水，开启并加强排污阀放水，开启蒸汽母管和过热器的疏水阀门迅速疏水，直至水位正常再恢复运行。

87. 锅炉用水为何要使用软化水？

答：未经软化的硬水中常含有镁钙盐类，水在加热时这些盐类会沉淀析出，日久积附于锅炉和金属管内，使锅炉效率降低，甚至会使炉管局部过热而破裂，而经过软化后的水不会含有镁钙盐类物质，使用中就不至发生上述现象，故锅炉用水要用软化水。

88. 给水管道工作压力计算公式 $H=H_1+H_2+H_3+H_4$ 中符号各代表什么？

答：H 指给水管总压力；H_1 指计算配水点与给水管道的高差；H_2 指管道水头损失；H_3 指局部水头损失；H_4 指计算配水点所要流出水头。

（H_1、H_2、H_3、H_4 所代表意义可相互代用，但不得重复。）

89. 怎样进行管材及坡口的气割？

答：固定管切割时一般从管子下部开始，转动管切割时要使割嘴在管子的上部结束。切割时应使割嘴总是保持垂直于管子表面，等割透后将割嘴逐渐前倾到与割点的切线呈 70～80°角再移动割炬，连续进行。

90. 管工高处作业应注意哪些安全事项？

答：在 2 m 以上高处作业的人员必须经过身体检查和受过一定的训练；必须仔细检查和使用安全器械；脚手架、跳板、梯子等必须牢固可靠；梯子竖立角度不得大于 60°和小于 35°；高处作业的工具零件应妥善放置，只可上下传递不可抛丢；吊装绳索必须绑扎牢固；管子吊上管架后应及时上管卡，严禁浮放在管架上。

91. 锅炉汽包上的安全阀定压有何要求？

答：定压前应对汽包上的安全阀做单独的水压试验，检查其严密性及灵活程度。在开启压力的位置上画上记号，作为定压调整时的参考。定压时锅炉火不宜太大，升压要缓慢，压力应稳定。当汽包内的压力升到接近开启压力时，打开所有的炉门，以确保升压缓慢。当压力升至开启压力时，安全阀应及时开启；压力略降低于开启压力时，安全阀应自动关闭，每个安全阀经过这样三次校正无误后才算合格。

92. 对比热水采暖,蒸汽采暖有何优缺点?

答:蒸汽采暖优点是采暖设备费用低、热效率高,可利用工厂废气作为热介质,适宜于间歇供热的场所。缺点是散热器表面温度高,易发生烫伤事故,且有难闻气味,室内温差大,且室内空气干燥,使人有不舒服的感觉,由于蒸汽采暖是间歇式,因而采暖管线与设备经常处于蒸汽和空气交换状态中,导致管线设备使用寿命较热水采暖的短。

93. 简述涂漆施工程序。

答:第一层底漆或防锈漆(一道或二道),第二层面漆(调和漆和磁漆等),第三层罩光清漆。现场涂漆一般应任其自然干燥,多层涂漆的前后间隔时间应保证漆膜干燥。

94. 施工现场安全生产的基本要求是什么?

答:①进入现场戴好安全帽,扣好帽带,并正确使用个人劳保用品。②2 m 以上的高处、悬空作业要有安全措施。③高处作业的要点是防止坠落和砸伤。④电动机械设备,有可靠安全接地和防护装置。⑤非本工种人员严禁使用机电设备。⑥非操作人员严禁进入吊装区域,吊装机械必须完好,桅杆垂直下方不准站人。⑦遵守现场消防、保卫制度。

95. 简述水表安装要求。

答:水表应安装在查看方便、不受暴晒、不受污染和不易损坏处。引入管上水表宜安装在室外检查井中,表前后装设阀门,为保证水表计量准确,螺翼式水表上游侧应有 8~10 倍水表口的直管段,其他类型水表前后应有不小于 300 mm 的直管段,水表应水平安装,水表外壳箭头方向与水流方向须一致。

96. 怎样打青铅接口?

答:(1)接口处先填打油麻。其深度为承口深度的 2/3。

(2)灌铅前应将卡箍套在贴承口边缘处并卡紧,卡箍内壁与接缝部分用黄泥抹好,再用黄泥将卡子口围好。

(3)灌铅应由一侧徐徐灌入并要一次灌满。铅凝后取下卡箍打铅口。

(4)打铅口应由下往上进行,打到光滑坚实为止,铅面应凹进承口 2~3 mm。

97. 怎样检查铸铁管?

答:铸铁管使用前要检查管子是否有裂纹,当肉眼观察不出时,要用手锤敲击听声音来辨别,有裂纹的管子会发出嘶哑的响声,无嗡嗡的金属清脆声音。

98. 水平横管的排列原则是什么?

答:(1)气体管路排列在上,液体管路排列在下。

(2)热介质管路排列在上,冷介质管路排列在下。

(3)保温管路排列在上,不保温管路排列在下。

(4)无腐蚀性介质的管路排列在上,有腐蚀性介质的管路排列在下。

(5)高压介质的管路排列在上,低压介质的管路排列在下。

(6)金属管路排列在上,非金属管路排列在下。

(7)小口径管路应尽量支承在大口径管路上方或吊挂在大管路下面。

(8)不经常检修的管路排列在上,检修频繁的管路排列在下。

99. 管道系统试压前应具备的条件是什么?

答:①检查该系统的管道与设备完成情况。②施工应符合设计和相应的施工及验收规范等规定与要求。③支、吊架紧固可靠。④管线上所有临时用的堵板、夹具已清楚。⑤试验用的临时加固措施安全可靠。⑥焊接外观检查和无损探伤合格,焊缝及检查的部位未刷漆和绝热。⑦将不能参与的设备、仪表、附件与试验系统隔离或拆除,如安全阀、爆破片等。⑧试验用的压力表必须是经校验合格的压力表,表的精度不低于 1.5 级,表的最大值为被测压力(最大压力)的 1.5～2 倍,压力表不少于 2 块。⑨具有批准的实验方案。⑩确认无问题时,才能开始进行试压。

100. 消火栓的布置应符合哪些要求?

答:①应保证要求的水柱股数同时到达室内任何部分。②室内消火栓的最大间距不应超过 50 m。③室内消火栓分设于建筑物各层中,一般在靠近房间出口的内侧、楼梯口的平台上、门厅内、走廊与走道内明显取用的地方。④消火栓栓口应朝外,阀门中心距地面 1.1 m。⑤超过五层的民用建筑和超过四层的库房,在每个消火栓处应设有远距离启动消防水泵的按钮,在房顶上设置试验和检查用的消火栓。

S1 热煨胀力圈

一、考核准备

(一)材料准备

准备 ϕ159 mm×5 mm 无缝钢管,如图所示(单位:mm)。

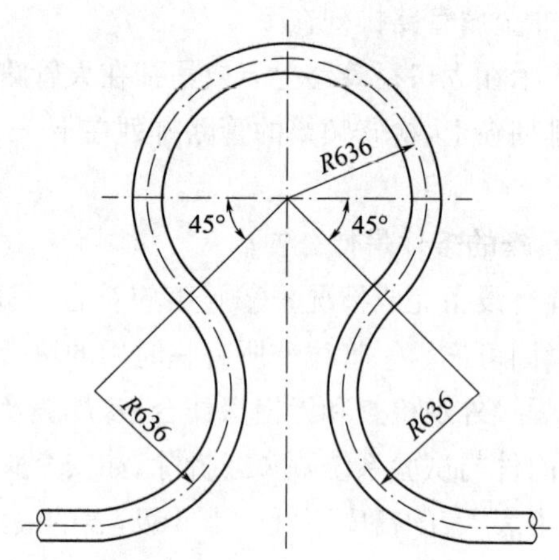

(二)设备、工具准备

准备钢卷尺、划规、气焊工具、模具。

(三)考场准备

考场符合安全技术施工要求。

二、考核内容及要求

(一)考核内容

1. 穿好劳保服装,备齐劳动工具。
2. 施工现场整洁,物品摆放有序,考试准备规范,选用材料正确。
3. 按安全技术操作规范施工,按技术要求自检产品并做好标记。
4. 煨弯现场布置完善,砂子粒度选择正确,加热温度适当。
5. 不得有裂纹、分层过烧等缺陷。
6. 减薄率不超过管壁厚度的 15%。
7. 椭圆率不超过 8%。
8. 弯曲角度不超过±5°。
9. 波浪度不得大于 4 mm。

(二)考核时限

工时定额 10 h。

职业技能等级认定
管道工高级工实作技能考核评分记录表

单位：　　　　　姓名：　　　　性别：　　　准考证号：　　　　　　　工种：　　　　级别：

试题名称：热煨胀力圈　　　　　　　　　　　　　　　　　　　　　　　　考核时间：10 h

操作开始时间：　时　　分　　　　　　　　　　操作结束时间：　时　　分

序号	考核内容	考核要求	配分	评分标准	实测	得分
1	工作前准备	(1)劳保着装； (2)工具准备	10	(1)劳保着装不符合要求扣5分； (2)工具准备不符合要求每项扣2分		
2	物料、设施准备	(1)设施、现场整洁，物品摆放有序； (2)选用材料正确，考核准备规范	10	(1)现场脏乱每处扣1分； (2)材料选择不合理及准备工作不当，每项扣4分		
3	工作内容	煨弯现场布置完善，砂子粒度选择正确，加热温度适当	10	加热温度过高扣5分；煨弯现场布置不完善，砂子粒度不标准，根据程度扣5～10分		
		不得有裂纹、分层过烧等缺陷	15	有裂纹总成绩不合格，分层过烧视其情节扣1～15分		
		减薄率不超过15%	10	减薄率超差1%扣2分，超差2%扣4分，依此类推		
		椭圆率不超过8%	10	椭圆率超差2%扣2分，超差4%扣4分，依此类推		
		弯曲角度不超过±5°	10	弯曲角度超差1°扣2分，超差2°扣4分，依此类推		
		波浪度不得大于4 mm	10	波浪度超差1 mm扣2分，增加2 mm扣4分，依此类推		
		工时定额10 h	5	提前不加分，每超过规定时间10 min扣1分		
4	安全文明生产，工程质量检验	(1)按安全技术操作规范施工； (2)严格按要求自检产品并做好标记	10	(1)每违反1次安全技术操作规定扣5分； (2)对自检产品每出现1次错误扣5分		

考评员签名：　　　　　　　　　　　　　被鉴定人签名：　　　　　　　　　　　年　　月　　日

S2　同径三通管下料制作

一、考核准备

(一)材料准备

准备0.7 mm镀锌钢板，如图所示(单位：mm)。

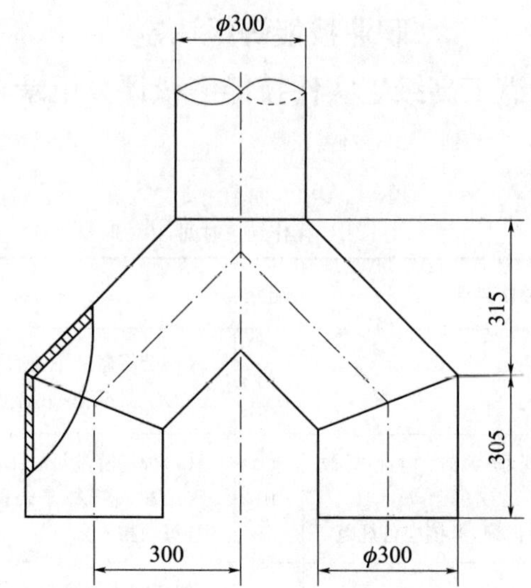

(二)设备、工具准备

准备钢卷尺、划规、剪子。

(三)考场准备

考场符合安全技术施工要求。

二、考核内容及要求

(一)考核内容

1. 穿好劳保服装,备齐劳动工具。
2. 施工现场整洁,物品摆放有序,考试准备规范,选用材料正确。
3. 按安全、技术操作规范施工,按要求自检产品并做好标记。
4. 三通的夹角允许偏差应小于 3°。
5. 风管的闭合咬口可采用单咬口,表面应平整,圆弧均匀。
6. 纵向接缝应错开,咬口缝应紧密,宽度均匀。
7. 外径允许偏差小于 2 mm,不平整度不应大于 2 mm。

(二)考核时限

工时定额 10 h。

职业技能等级认定
管道工高级工实作技能考核评分记录表

单位:　　姓名:　　性别:　　准考证号:　　工种:　　级别:

试题名称:同径三通管下料制作　　考核时间:10 h

操作开始时间:　　时　　分　　操作结束时间:　　时　　分

序号	考核内容	考核要求	配分	评分标准	实测	得分
1	工作前准备	(1)劳保着装; (2)工具准备	10	(1)劳保着装不符合要求扣 5 分; (2)工具准备不符合要求每项扣 2 分		

续表

序号	考核内容	考核要求	配分	评分标准	实测	得分
2	物料、设施准备	(1)设施、现场整洁,物品摆放有序; (2)选用材料正确,考核准备规范	10	(1)现场脏乱每处扣1分; (2)材料选择不合理及准备工作不当,每项扣4分		
3	工作内容	三通的夹角允许偏差应小于3°	20	三通的夹角超差1°扣2分,超差2°扣4分,依此类推		
		风管的闭合咬口可采用单咬口,表面应平整,圆弧均匀	15	咬口表面不平整,圆弧不均匀,视其程度扣1～15分		
		纵向接缝应错开,咬口缝应紧密,宽度均匀	15	纵向缝不错开,咬口缝不紧密,宽度不均匀,视其程度扣1～15分		
		外径允许偏差为小于2 mm,不平整度不应大于2 mm	15	直径偏差超差1 mm扣2分,超差2 mm扣4分;不平整度超差1 mm扣2分,超差2 mm扣4分,依此类推		
		工时定额10 h	5	提前不加分,每超过规定时间10 min扣1分		
4	安全文明生产,工程质量检验	(1)按安全技术操作规范施工; (2)严格按要求自检产品并做好标记	10	(1)每违反1次安全技术操作规定扣5分; (2)对自检产品每出现1次错误扣5分		

考评员签名:　　　　　　　　被鉴定人签名:　　　　　　　　年　　月　　日

S3 双吸气竖管制作

一、考核准备

(一)材料准备

准备 ϕ38 mm×3 mm 无缝钢管,ϕ45 mm×3 mm 无缝钢管,如图所示(单位:mm)。

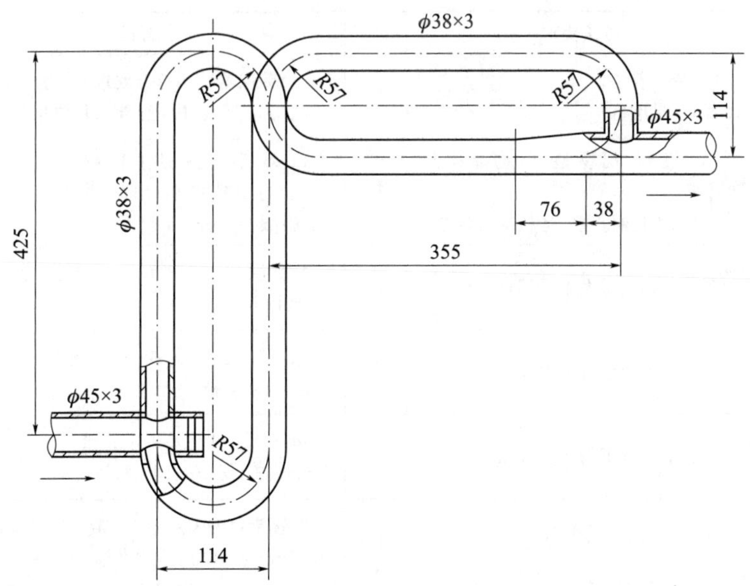

(二)设备、工具准备

准备钢卷尺、气焊工具、模具。

(三)考场准备

考场符合安全技术施工要求。

二、考核内容及要求

(一)考核内容

1. 穿好劳保服装,备齐劳动工具。
2. 施工现场整洁,物品摆放有序,考试准备规范,选用材料正确。
3. 按安全、技术操作规范施工,按要求自检产品并做好标记。
4. 弯管椭圆度最大不得超过1%。
5. 减薄率不得超过原壁厚15%。
6. 折皱不平度不得超过3 mm。
7. 两管错口偏差不得大于1 mm。
8. 支管与主管焊接处不得小于支管内径,四周间隙不得大于2 mm。
9. 符合安全操作规程及企业有关规定。

(二)考核时限

工时定额2 h。

职业技能等级认定
管道工高级工实作技能考核评分记录表

单位: 姓名: 性别: 准考证号: 工种: 级别:

试题名称:双吸气竖管制作 考核时间:2 h

操作开始时间: 时 分 操作结束时间: 时 分

序号	考核内容	考核要求	配分	评分标准	实测	得分
1	工作前准备	(1)劳保着装; (2)工具准备	10	(1)劳保着装不符合要求扣5分; (2)工具准备不符合要求每项扣2分		
2	物料、设施准备	(1)设施、现场整洁,物品摆放有序; (2)选用材料正确,考核准备规范	10	(1)现场脏乱每处扣1分; (2)材料选择不合理及准备工作不当,每项扣4分		
3	工作内容	弯管椭圆度最大不得超过1%	15	椭圆度超差1%扣2分,超差2%扣4分,依此类推		
		减薄率不得超过原壁厚15%	10	减薄率超差1%扣2分,超差2%扣4分,依此类推		
		折皱不平度不得超过3 mm	10	折皱不平度超差1 mm扣2分,超差2 mm扣4分,依此类推		
		两管错口偏差不得大于1 mm	10	两管错口偏差超差1 mm扣2分,超差2 mm扣4分,依此类推		

续表

序号	考核内容	考核要求	配分	评分标准	实测	得分
3	工作内容	支管与主管焊接处不得小于支管内径，四周间隙不得大于 2 mm	10	主管开孔处小于支管内径 1 mm 扣 2 分，小于支管内径 2 mm 扣 4 分，依此类推；四周间隙超差 1 mm 扣 2 分，超差 2 mm 扣 4 分，依此类推		
		符合安全操作规程及企业有关规定	10	达不到规定要求从总分中酌情扣 1～10 分		
		工时定额 2 h	5	提前不加分，每超过规定时间 5 min 扣 1 分		
4	安全文明生产，工程质量检验	(1)按安全技术操作规范施工； (2)严格按要求自检产品并做好标记	10	(1)每违反 1 次安全技术操作规定扣 5 分； (2)对自检产品每出现 1 次错误扣 5 分		

考评员签名：　　　　　　　　被鉴定人签名：　　　　　　　　年　　月　　日

S4　冷煨容积式加热器

一、考核准备

(一)材料准备

准备 DN25 镀锌钢管，如图所示(单位：mm)。

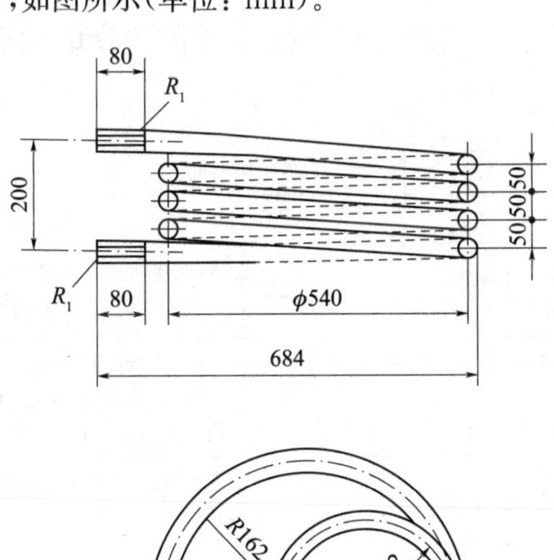

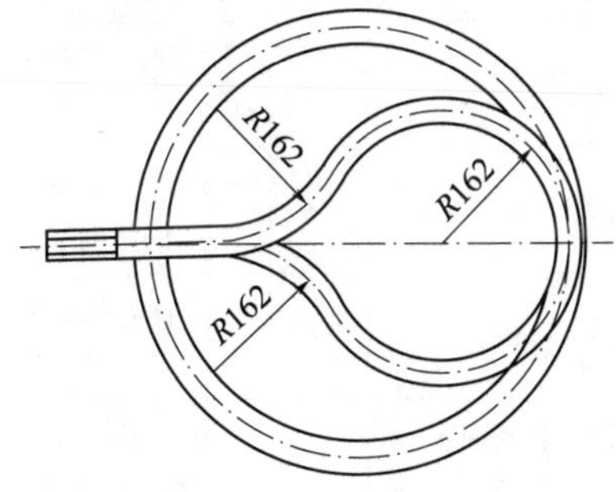

R_1—圆锥外螺纹

(二)设备、工具准备

准备钢卷尺、划规、模具、铰板。

(三)考场准备

考场符合安全技术施工要求。

二、考核内容及要求

(一)考核内容

1. 穿好劳保服装,备齐劳动工具。

2. 施工现场整洁,物品摆放有序,考试准备规范,选用材料正确。

3. 按安全、技术操作规范施工,按要求自检产品并做好标记。

4. 弯管椭圆度最大不得超过1%。

5. 减薄率不得超过原壁厚15%。

6. 折皱不平度不得超过3 mm。

7. 管螺纹要求光滑无毛刺,面不完整螺纹全长累积不得大于1/3圈,螺纹牙高减少不应大于其高度的1/5。

8. 直径允许偏差±5 mm,两螺纹的距离偏差不得大于5 mm。

(二)考核时限

工时定额9 h。

职业技能等级认定

管道工高级工实作技能考核评分记录表

单位: 姓名: 性别: 准考证号: 工种: 级别:

试题名称:冷煨容积式加热器 考核时间:9 h

操作开始时间: 时 分 操作结束时间: 时 分

序号	考核内容	考核要求	配分	评分标准	实测	得分
1	工作前准备	(1)劳保着装; (2)工具准备	10	(1)劳保着装不符合要求扣5分; (2)工具准备不符合要求每项扣2分		
2	物料、设施准备	(1)设施、现场整洁,物品摆放有序; (2)选用材料正确,考核准备规范	10	(1)现场脏乱每处扣1分; (2)材料选择不合理及准备工作不当,每项扣4分		
3	工作内容	弯管椭圆度最大不得超过1%	15	椭圆度超差1%扣2分,超差2%扣4分,依此类推		
		减薄率不得超过原壁厚15%	15	减薄率超差1%扣2分,超差2%扣4分,依此类推		
		折皱不平度不得超过3 mm	10	折皱不平度超差1 mm扣2分,超差2 mm扣4分,依此类推		
		管螺纹要求光滑无毛刺,断面不完整螺纹全长累积不得大于1/3圈,螺纹牙高减少不应大于其高度的1/5	15	螺纹不光滑有毛刺扣3分;断面不完整,螺纹大于1/3圈,螺纹牙高减少大于高度1/5,扣3~10分		

续表

序号	考核内容	考核要求	配分	评分标准	实测	得分
3	工作内容	直径允许偏差±5 mm,两螺纹的距离偏差不得大于5 mm	10	直径偏差超差1 mm扣2分,超差2 mm扣4分,依此类推;两螺纹的距离偏差超差1 mm扣2分,超差2 mm扣4分,依此类推		
		工时定额9 h	5	提前不加分,每超过规定时间10 min扣1分		
4	安全文明生产,工程质量检验	(1)按安全技术操作规范施工; (2)严格按要求自检产品并做好标记	10	(1)每违反1次安全技术操作规定扣5分; (2)对自检产品每出现1次错误扣5分		

考评员签名：　　　　被鉴定人签名：　　　　年　月　日

S5　弹簧卷制

一、考核准备

(一)材料准备

准备碳素弹簧钢丝,如图所示(单位：mm)。

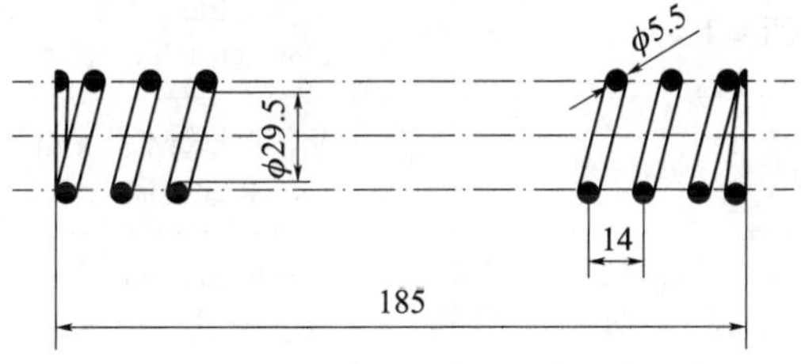

(二)设备、工具准备

准备钢卷尺、划规、模具。

(三)考场准备

考场符合安全技术施工要求。

二、考核内容及要求

(一)考核内容

1. 穿好劳保服装,备齐劳动工具。
2. 施工现场整洁,物品摆放有序,考试准备规范,选用材料正确。
3. 按安全、技术操作规范施工,按要求自检产品并做好标记。
4. 弹簧表面不应有裂纹、折叠分层、锈蚀等缺陷。
5. 尺寸偏差不得大于3 mm。
6. 工作圈数偏差不应超过半圈。
7. 自由状态时,弹簧各圈节距应均匀,其偏差不得超过平均节距的1%。

8. 弹簧两端支撑面与弹簧轴线垂直，其偏差不得超过自由高的10%。

(二)考核时限

工时定额 40 min。

职业技能等级认定
管道工高级工实作技能考核评分记录表

单位： 姓名： 性别： 准考证号： 工种： 级别：

试题名称：弹簧卷制 考核时间：40 min

操作开始时间： 时 分 操作结束时间： 时 分

序号	考核内容	考核要求	配分	评分标准	实测	得分
1	工作前准备	(1)劳保着装； (2)工具准备	10	(1)劳保着装不符合要求扣5分； (2)工具准备不符合要求每项扣2分		
2	物料、设施准备	(1)设施、现场整洁，物品摆放有序； (2)选用材料正确，考核准备规范	10	(1)现场脏乱每处扣1分； (2)材料选择不合理及准备工作不当，每项扣4分		
3	工作内容	弹簧表面不应有裂纹、折叠分层、锈蚀等缺陷	15	弹簧钢丝选择不当，有缺陷，视其程度扣1～5分		
		尺寸偏差不得大于3 mm	15	尺寸偏差超差1 mm扣2分，超差2 mm扣4分，依此类推		
		工作圈数偏差不应超过半圈	10	工作圈超差半圈扣2分，超差一圈扣4分，依此类推		
		自由状态时，弹簧各圈节距应均匀，其偏差不得超过平均节距的1%	15	自由状态时，节距超差1%扣2分，超差1.5%扣4分，依此类推		
		弹簧两端支撑面与弹簧轴线垂直，其偏差不得超过自由高的10%	10	弹簧两端支撑面与弹簧轴线垂直度超差10%扣2分，超差15%扣4分，依此类推		
		工时定额40 min	5	每超过规定时间30 s扣1分		
4	安全文明生产，工程质量检验	(1)按安全技术操作规范施工； (2)严格按要求自检产品并做好标记	10	(1)每违反1次安全技术操作规定扣5分； (2)对自检产品每出现1次错误扣5分		

考评员签名： 被鉴定人签名： 年 月 日

S6 ϕ32 mm×3 mm无缝钢管煨制90°弯头

一、考核准备

(一)材料准备

准备ϕ32 mm×3 mm无缝钢管，如图所示(单位：mm)。

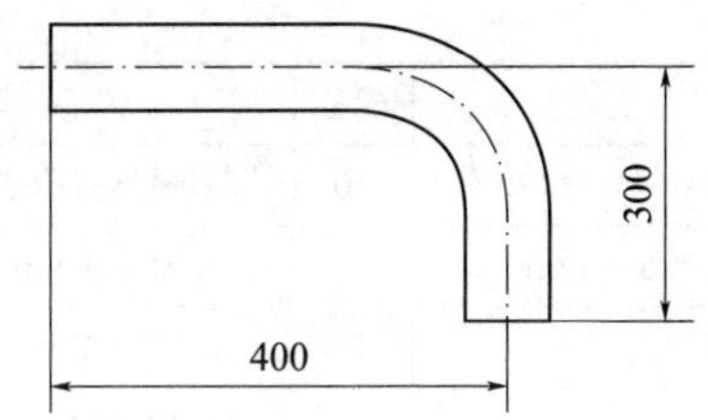

(二)设备、工具准备

准备钢卷尺、气焊工具、模具。

(三)考场准备

考场符合安全技术施工要求。

二、考核内容及要求

(一)考核内容

1. 穿好劳保服装,备齐劳动工具。
2. 施工现场整洁,物品摆放有序,考试准备规范,选用材料正确。
3. 按安全、技术操作规范施工,按要求自检产品并做好标记。
4. 划线准确,要考虑加热长度,允许偏差±1 mm。
5. 外观平整均匀。
6. 外观尺寸允许偏差为±1 mm。
7. 弯曲角度允许偏差为±3°。

(二)考核时限

工时定额 30 min。

(三)考核要求

用氧-乙炔焰割炬加热,手工进行。

职业技能等级认定
管道工高级工实作技能考核评分记录表

单位：　　　　姓名：　　　性别：　　　准考证号：　　　　　　工种：　　　级别：

试题名称:ϕ32 mm×3 mm 无缝钢管煨制 90°弯头　　　　　　　　　考核时间:30 min

操作开始时间：　时　　分　　　　　　　　操作结束时间：　时　　分

序号	考核内容	考核要求	配分	评分标准	实测	得分
1	工作前准备	(1)劳保着装; (2)工具准备	10	(1)劳保着装不符合要求扣 5 分; (2)工具准备不符合要求每项扣 2 分		
2	物料、设施准备	(1)设施、现场整洁,物品摆放有序; (2)选用材料正确,考核准备规范	10	(1)现场脏乱每处扣 1 分; (2)材料选择不合理及准备工作不当,每项扣 4 分		
3	工作内容	划线准确,要考虑加热长度,允许偏差±1 mm	10	每超差 1 mm 扣 2 分		

续表

序号	考核内容	考核要求	配分	评分标准	实测	得分
3	工作内容	外观平整均匀	20	不平整扭曲等缺陷,酌情扣1～20分		
		外观尺寸允许偏差为±1 mm	20	每超差1 mm扣2分		
		弯曲角度允许偏差为±3°	15	每超差1°扣2分		
		工时定额30 min	5	提前不加分,每超过规定时间1 min扣1分		
4	安全文明生产,工程质量检验	(1)按安全技术操作规范施工; (2)严格按要求自检产品并做好标记	10	(1)每违反1次安全技术操作规定扣5分; (2)对自检产品每出现1次错误扣5分		

考评员签名: 被鉴定人签名: 年 月 日

S7 过滤器旁通管的制作与安装

一、考核准备

准备水平尺、榔头、角尺、线锤、扳手等工具;有现场预制组对法兰场地;有三角架、手拉葫芦、焊机、磨光机、氧-乙快割炬等。

二、考核内容及要求

1. 试题内容:有一根DN300的工业水管道,要求在管道上加一过滤器,为保证供水的连续,还需加装过滤器旁通管,如图所示(单位:mm)。

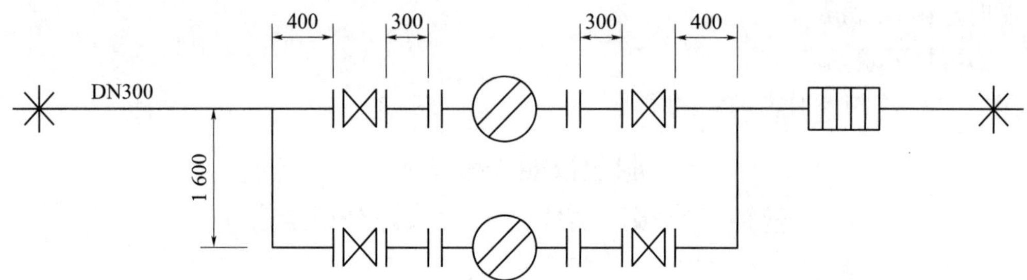

2. 时间要求:4 h。

3. 考核要求及评分标准见下表。

考核项目	考核内容及考核要求	配分	评分标准
一般项目	熟悉安装内容,确定安装程序;查阅相关资料;清理好施工场所;检查制作安装用工具、设备是否齐全完好;组织分配好相关配合人力	10	每做到一条得2分
主要项目	对法兰、螺栓、垫圈进行清理检查,查看法兰螺栓、垫圈的规格、型号、数量是否相符,质量是否符合要求。对过滤器进行全面仔细检查,查看进出口法兰偏斜度是否符合标准,DN300的法兰偏斜度为1 mm。检查过滤器上各连接管的质量	8	检查全面,法兰清理干净不扣分,反之适量扣分

续表

考核项目	考核内容及考核要求	配分	评分标准
主要项目	在平台上预制法兰短管，同一短管上的两片法兰螺栓孔应在同一条线上，管端应插入法兰2/3。法兰面必须垂直于管中心，允许偏斜度为1 mm，两法兰应相对平行。短管法兰组对好之后长度误差不超过±5 mm。 然后，放样制作三通，三通的角度必须是90°，在支管部分要进行坡口，在主管局部进行坡口。在三通上的两片法兰螺孔中心线在水平方面应在同一线上，其余与法兰短管组对要求一样。 在法兰短管和三通及法兰预制好后进行组装，先把主管割下一截，长度比旁通管路组合尺寸稍长20 mm，从割断的一边进行组装，在主管上的一片法兰用线锤找正，其最上面两个螺孔应保持水平。法兰与法兰连接应保持同轴，螺栓孔中心偏差一般不超过孔径的5%，并保证螺栓自由穿入，法兰垫片不得使用斜垫和双层垫片，垫片应安在法兰中心位置。连接前还应对法兰密封面进行清除，直至露出金属光泽，法兰水线要剔清楚。垫片安装时，应根据需要涂以油脂。法兰连接应采用统一规格的螺栓和配套的垫圈，安装方向应一致，拧紧时应对称均匀，分2～3次拧紧，拧紧后螺帽外的螺杆长度不得超过5 mm。两法兰连接时应平行自然，其平行度偏差不大于法兰外径的1.5‰，且不大于2 mm，连接过滤器时，过滤器的水平偏差不超过1/500，两过滤器的中心距不应偏差±20 mm，且过滤器的重力不能负荷在管道上，主管最后一道法兰连接应在伸缩补偿器之后完成，伸缩补偿器应把伸缩长度控制得当，伸缩补偿器的安装法兰连接要求与前述组对要求一样，全部组装完后进行试水	60	每片法兰与管子组对时偏斜度超差扣1分，管端部分插入法兰尺寸超差扣0.5分，短管长度超差扣1分，短管两法兰螺孔中心线未同线扣1分，三通上两法兰孔中心线水平方向未同线扣1分。 主管上两边法兰其最上两孔不水平扣2分，法兰与法兰不同轴，螺栓孔中心偏差超差扣1分。 垫片未涂油脂扣2分，螺栓长度超长扣2分，安装方向不一致扣2分，拧紧操作方法不当扣2分，两法兰平行度超差扣1分，过滤器安装不合要求扣3分，补偿器未调到合适的伸缩位置扣1分，安装不当扣2分
综合项目	在制作安装过程中工序是否正确，在节约人力、物力方面是否合格，使用的制作安装方法是否便捷，安装工艺是否美观等	15	制作和安装工序不正确扣6分，制作和安装方法不当扣6分，工艺不美观扣3分
安全文明生产	遵守国颁安全生产法规有关规定和企业自定有关规定	4	违反有关规定扣1～4分
	遵守企业有关文明生产规定	3	工作场地整洁，工具、设备整齐合理不扣分，稍差扣1分，很差扣3分

4.操作要求：在安装前熟悉图样，确定施工方案、程序，及时组织好人力，并清扫现场。然后对照图样清查材料，应对法兰外形尺寸进行检查，包括外径、内径、坡口、螺栓孔径及数目，螺栓孔中心距，凸缘高度等是否符合设计要求。法兰密封面应平整光洁，不得有毛刺及径向沟槽。螺栓及螺母的螺纹应完整，无伤痕、毛刺等缺陷，橡胶石棉垫应质地柔韧，无老化、变质和分层现象，表面不应有折损、皱纹等缺陷，材质应与设计选定的相一致。检查过滤器的进出口法兰是否已达到标准，焊接质量是否符合要求。

在组对短管法兰时，应先在短管上分出一条平行管轴线的线，然后从管端量出2/3法兰厚度并做记号，把法兰两相邻两孔的中心点画出，中心点对准管上已画好的平轴线，插入2/3法兰并施点焊，然后用尺寸校正法兰，校正时尺寸应成十字交叉，反复测量、校正法兰角度，直到角尺与管壁面都成一致夹角时才能点死施焊。

在制作好三通并连接好弯头短管后，组对法兰时，应使三通组合管横纵方向都置于水平位置，然后将法兰套入管上2/3法兰厚度，用水平将法兰最上两孔置于水平位置，三通上的两片法兰最上面的两个螺栓孔应在同一条线上,待复检合格后可以施焊。

在组对过程中需要注意的是,安装顺序应如图从左至右,法兰端面必须保持清洁。一定要将法兰垫片置于法兰管孔中心。并在法兰垫片上涂以油脂,以便以后拆卸清理和加强密封。法兰连接时应保持同轴,螺栓孔中心要对准,使螺栓能自由穿入,拧紧时用十字交叉法拧紧,分2～3 次完成,拧紧后的螺栓露出螺帽外长度不得超过 5 mm。拧紧后外露螺杆应涂上油脂防锈便于以后拆装。在组对同时,随时检查法兰最上两孔是否保持水平,不水平的应及时进行调整。

在安装最后一道法兰时,先将伸缩补偿与主管上最后一道法兰用螺栓连接,两法兰之间加入比垫片稍厚一点的钢板或几根焊条,拧紧螺栓,使两法兰保持平行,两法兰螺孔中心对准,然后对主管上的法兰施焊,等冷却后卸掉上半圈螺杆,取出钢板或铁丝条,加入橡胶石棉垫,最后拧紧,利用伸缩补偿有一定补偿能力,可以不影响其他设备的位置。

在全部安装完毕后先缓慢放水进行检漏,如有渗漏应在无水压情况下复拧法兰螺杆直到不漏,再将压力升至工作压力下进行检漏,有漏必须卸压进行紧固法兰,由于主管事先已安装好,所以旁通系统不必单独进行水压试验。

S8　样板制作

一、考核准备

(一)材料准备

准备油毡纸、ϕ76 mm×3.5 mm 无缝钢管,如图所示(单位:mm)。

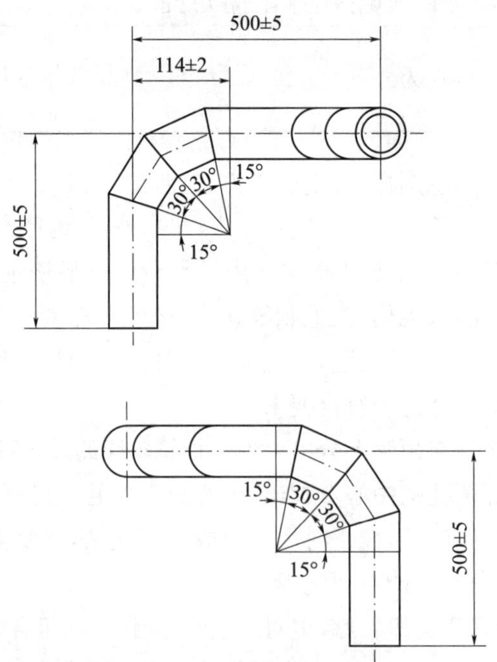

(二)设备、工具准备

准备钢卷尺、气焊工具、计算器、划规。

(三)考场准备

考场符合安全技术施工要求。

二、考核内容及要求

(一)考核内容

1. 穿好劳保服装,备齐劳动工具。
2. 施工现场整洁,物品摆放有序,考试准备规范,选用材料正确。
3. 按安全、技术操作规范施工,按要求自检产品并做好标记。
4. 样板制作弯头部分允许偏差±2°。
5. 外形尺寸允许偏差±5 mm。
6. 半径尺寸允许偏差±2 mm。
7. 并接焊缝允许偏差 1.5 mm。

(二)考核时限

工时定额 60 min。

职业技能等级认定
管道工高级工实作技能考核评分记录表

单位: 姓名: 性别: 准考证号: 工种: 级别:

试题名称:样板制作 考核时间:60 min

操作开始时间: 时 分 操作结束时间: 时 分

序号	考核内容	考核要求	配分	评分标准	实测	得分
1	工作前准备	(1)劳保着装; (2)工具准备	10	(1)劳保着装不符合要求扣 5 分; (2)工具准备不符合要求每项扣 2 分		
2	物料、设施准备	(1)设施、现场整洁,物品摆放有序; (2)选用材料正确,考核准备规范	10	(1)现场脏乱每处扣 1 分; (2)材料选择不合理及准备工作不当,每项扣 4 分		
3	工作内容	样板制作弯头部分允许偏差±2°	20	每超差 1°扣 5 分		
		外形尺寸允许偏差±5 mm	20	每超差 1 mm 扣 4 分		
		半径尺寸允许偏差±2 mm	15	每超差 1 mm 扣 5 分		
		并接焊缝允许偏差 1.5 mm	10	每超差 1 mm 或每处缺陷扣 2 分		
		工时定额 60 min	5	提前不加分,每超过规定时间 1 min 扣 1 分		
4	安全文明生产,工程质量检验	(1)按安全技术操作规范施工; (2)严格按要求自检产品并做好标记	10	(1)每违反 1 次安全技术操作规定扣 5 分; (2)对自检产品每出现 1 次错误扣 5 分		

考评员签名: 被鉴定人签名: 年 月 日

S9　冷煨存油器

一、考核准备

(一)材料准备

准备 ϕ38 mm×3 mm 无缝钢管,如图所示(单位:mm)。

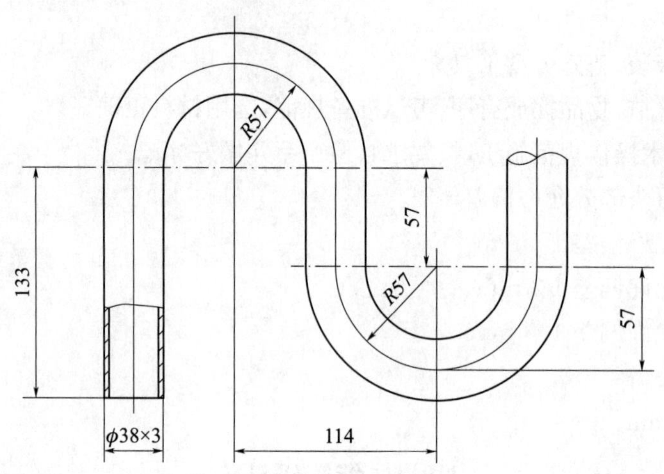

(二)设备、工具准备

准备气焊工具、模具、钢卷尺。

(三)考场准备

考场符合安全技术施工要求。

二、考核内容及要求

(一)考核内容

1. 穿好劳保服装,备齐劳动工具。
2. 设施、现场整洁,物品摆放有序,考试准备规范,选用材料正确。
3. 按安全技术操作规范施工,按技术要求自检产品并做好标记。
4. 弯管椭圆度最大不得超过 1%。
5. 减薄率不得超过原壁厚 15%。
6. 折皱不平度不得超过 3 mm。
7. 弯曲角应正确,两弯中心距允许偏差±3 mm。
8. 直管段长度允许偏差±5 mm。

(二)考核时限

工时定额 40 min。

职业技能等级认定
管道工高级工实作技能考核评分记录表

单位：　　　姓名：　　　性别：　　　准考证号：　　　　　　工种：　　　　级别：

试题名称：冷煨存油器　　　　　　　　　　　　　　　　　　　　考核时间：40 min

操作开始时间：　时　分　　　　　　　　　　操作结束时间：　时　分

序号	考核内容	考核要求	配分	评分标准	实测	得分
1	工作前准备	(1)劳保着装； (2)工具准备	10	(1)劳保着装不符合要求扣5分； (2)工具准备不符合要求每项扣2分		
2	物料、设施准备	(1)设施、现场整洁，物品摆放有序； (2)选用材料正确，考核准备规范	10	(1)现场脏乱每处扣1分； (2)材料选择不合理及准备工作不当，每项扣4分		
3	工作内容	弯管椭圆度最大不得超过1%	20	椭圆度超差1%扣2分，超差2%扣4分，依此类推		
		减薄率不得超过原壁厚15%	15	减薄率超差1%扣2分，超差2%扣4分，依此类推		
		折皱不平度不得超过3 mm	10	折皱不平度超差1 mm扣2分，超差2 mm扣4分，依此类推		
		弯曲角应正确，两弯中心距允许偏差±3 mm	10	弯曲中心距超差1 mm扣2分，超差2 mm扣4分，依此类推		
		直管段长度允许偏差±5 mm	10	直管段长度超差1 mm扣2分，超差2 mm扣4分，依此类推		
		工时定额40 min	5	提前不加分，每超过规定时间30 s扣1分		
4	安全文明生产，工程质量检验	(1)按安全技术操作规范施工； (2)严格按要求自检产品并做好标记	10	(1)每违反1次安全技术操作规定扣5分； (2)对自检产品每出现1次错误扣5分		

考评员签名：　　　　　　　　　　被鉴定人签名：　　　　　　　　年　月　日

S10　镀锌钢管连接

一、考核准备

要求场地内摆放好台案，检查管材、管件及工具的完整性。

二、材料工具准备

序　号	名　　称	规　　格	数　　量
1	镀锌钢管	DN20	3.5 m
2	铁活接(含胶垫)	DN20	4个

续表

序 号	名 称	规 格	数 量
3	铁三通	DN20	6个
4	90°铁弯头	DN20	2个
5	短丝	DN20	1个
6	闸阀	DN20	4个
7	补芯	DN20×15	1个
8	短丝	DN15	1个
9	麻丝		若干
10	生料带		若干
11	铅油		1桶

三、考核要求

1. 被鉴定人入场后，首先由裁判告知题目，其次由被鉴定人检查识别工具、材料的数量，到控制台案确认工具，当被鉴定人告知裁判可以开始时，由裁判员开始计时。

2. 考核管子切断、管子套螺纹、管件的选择、阀组的安装。

3. 时间额定，本次考核时间总工时 180 min，准备工时 20 min，加工工时 160 min。

4. 考核完毕后，由被鉴定人在评分表上签字确认。

职业技能等级认定

管道工高级工实作技能考核评分记录表

单位： 姓名： 性别： 准考证号： 工种： 级别：

试题名称：镀锌钢管连接 考核时间：180 min

操作开始时间： 时 分 操作结束时间： 时 分

项目	考核内容及评分标准	扣分因素及扣分	得分
管道安装质量（81分）	管道横平竖直，超过允许偏差 3 mm 每处扣 1 分，配分 5 分		
	管子切断平齐，斜度大于 1 mm 扣 2 分，配分 5 分		
	各尺寸误差应小于±3 mm，不符合一处扣 2 分，配分 10 分		
	钢管外露丝扣 2～3 扣，不符合一处扣 1 分，配分 5 分		
	活接安装方向不正确，扣 1 分，配分 1 分		
	截止阀安装方向不正确，扣 1 分，配分 5 分		
	截止阀安装应垂直，阀体垂直偏差≥3°，且＜5°，扣 1 分，配分 5 分		
	水压试验，漏水形成水流状，每处扣 10 分，配分 20 分		
	水压试验，滴水状漏水，滴水间隔时间≤10 s，每处扣 5 分，配分 10 分		
	水压试验，渗水，滴水间隔时间≥10 s，每处扣 2 分，配分 5 分		
	钢管丝扣填料未清理，一处扣 1 分，配分 10 分		
工具使用（5分）	正确使用各工具，违规使用工具扣 5 分，配分 5 分		

续表

项目	考核内容及评分标准	扣分因素及扣分	得分
作业安全（14分）	着装符合要求，防护服、防护鞋缺少一样扣2分，配分6分		
	抛掷工具、材料扣8分，配分8分		
考核时间	作业在180 min内完成，每超时1 min扣5分		
合计得分			

考评员签名：　　　　　　　　　　被鉴定人签名：　　　　　　　　　　年　　月　　日

第四部分　技　　师

1. 什么是极限应力?

答:使构件丧失承载能力,不能再正常工作,甚至面临灾难性事故时的应力。

2. 什么是挠度?

答:受力变形后,轴线上的一点在垂直于轴线方向的位移。

3. 什么是淬火?

答:将钢件加热到一定温度(淬火温度),然后在水或油等液体中急冷的热处理方法。

4. 什么是电化学腐蚀?

答:金属和电解质组成原电池发生电解而引起的金属腐蚀的现象称为电化学腐蚀。

5. 什么是化学腐蚀?

答:金属表面与周围介质发生化学作用而引起的破坏称为化学腐蚀。

6. 什么是坐标?

答:管线上的某一点在平面内相对于某一基准点,在两个相互垂直方向上的距离。

7. 什么是金属蠕变?

答:在高温下,即使应力不增加,材料的变形也会随着时间增加而慢慢增加的现象称为金属蠕变。

8. 什么是安全系数?

答:安全系数是指材料的极限应力与许用应力的比值,即材料在工作中安全可靠的程度。

9. 什么是充满度?

答:排水管道内水位高度与管径的比值称为充满度。

10. 什么是经济流速?

答:使用费用和运行费用都最低的最佳流速称为经济流速。

11. 什么是汽水共腾？

答：锅炉的锅筒内水位波动的幅度超出正常情况，水面翻腾程度异常剧烈的现象。

12. 什么是基本耗热量？

答：在一定传热条件下通过房屋各部分围护结构从室内向室外传递的热量是基本耗热量。

13. 什么是疏水器？

答：可自动排泄系统中不断产生的凝结水，同时又可防止蒸汽由此泄漏的装置。

14. 什么是挂管？

答：将管子"对号入座"，初步固定在汽包和联箱上的工序。

15. 什么是水平钻孔顶管法？

答：用旋转式挖土机出土，然后将管子顶入的施工方法。

16. 什么是省煤器？

答：布置在锅炉烟道内，利用烟气余热来加热锅炉给水的换热器。

17. 什么是蒸汽过热器？

答：将饱和蒸汽加热成过热蒸汽的换热器是蒸汽过热器。

18. 什么是标高？

答：管线和管件相对于某一基准面的高度称为标高。

19. 什么是自然循环采暖？

答：不要动力设备，依靠供水和回水的容重差进行循环采暖称为自然循环采暖。

20. 在管路连接中，密封材料起到密封作用，列出常用的密封材料。

答：常用的密封材料有水泥、麻、石棉绳、石棉橡胶板、铅油、铅粉、沥青胶等。

21. 什么是泵的串联？

答：将两台或多台泵连接起来使用，以增加扬程的方法。

22. 什么是过热水蒸气？

答：对饱和水蒸气加热使水蒸气的温度超过沸点时的水蒸气是过热水蒸气。

23. 常用的测量仪表有哪几种?

答:有温度、压力、流量和液位等测量仪表。

24. 什么是软化水?

答:经过软化处理,不含或仅含少量钙、镁离子的可溶性盐的水。

25. 什么是可焊性?

答:指焊接材料对焊接过程的适应性。

26. 什么是碳当量?

答:将碳钢中的各种元素都按相当于含碳量的办法总和起来。

27. 什么是油品的闪点?

答:油品在常压下油气混合气相当于爆炸下限或爆炸上限浓度时油品的温度。

28. 什么是石油的分馏?

答:按照石油组分沸点的差别,将石油加以分离的方法。

29. 什么是管道强度试验?

答:用来检查管道承压能力的压力试验。

30. 什么是管道严密性试验?

答:用来检查管道连接情况的压力试验。

31. 什么是管道的脱脂?

答:利用脱脂剂来消除管道中各处各部分的油脂的方法。

32. 什么是油气集输流程?

答:在矿场对原油和天然气进行收集、输送和初加工的顺序和过程。

33. 什么是重载固定支架?

答:设置在管线末端或设备附近的固定支架称为重载固定支架。

34. 什么是减载固定支架?

答:设置在两补偿器(或自补偿弯)之间的固定支架称为减载固定支架。

35. 什么是管道的共振?

答:当风动力的干扰频率等于或接近管道的固有频率时所发出的振动。

36. 什么是消极防振?

答:通过改变管道的基本参数来改变其固有频率以防止共振现象发生的方法。

37. 什么是顶管敷设?

答:在河流的岸边或道路路边的地坑内将管道从地层内部顶过河流或道路的穿越河流或道路的施工方法。

38. 什么是管道纵向失稳?

答:当土壤的抵抗作用不足以使管道维持在一个位置时,管道从理论上讲将会无限度地发生纵向位移的现象。

39. 什么是管道保温层的临界厚度?

答:由保温材料的导热系数及保温层外界处的对流放热系数所决定的保温层厚度的临界值。

40. 液压传动泵系统由哪几个部分组成?

答:一般由液压动力元件、液压执行元件、液压控制元件和其他辅助及连接管路组成。

41. 氨气压缩式制冷系统主要由哪些设备组成?

答:主要由电机、压缩机、冷凝器、蒸发器、贮液器、氨油分离器、空气分离器、氨阀、操纵控制机构及其他辅助部分组成。

42. 石油化工一般有哪些单元过程?

答:一般有石油裂解、裂解气分离、氧化、还原硝化,重氮化、烷基化及食盐电解等化工单元过程。

43. 大型石油化工厂管道工程的施工程序是什么?

答:一般程序为熟悉图纸资料,进行施工准备,现场测绘,管道预制加工,管道安装,管道试压、吹洗、脱脂,防腐保温,试运,交工。

44. 什么是施工组织设计?

答:在一定客观条件下有计划地对劳动力、材料、机械等进行综合使用过程的全面安排的技术经济性文件。

45. 什么是油品的自燃?

答:将油品预先加热到一定温度,然后使其与空气接触,不用外在火源油品即可燃烧的现象。

46. 什么是让开管?

答:当两管在一个平面上相交时,其中一管须在此让开然后再回到原来的轴线上,这种弯管称为让开管。

47. 什么是饱和蒸汽?

答:在一定的空间内某种物质的汽、液两相处于平衡状态(饱和状态)时的蒸汽。

48. 什么是电弧?

答:手工电弧焊焊接中电焊条与焊件之间的气体介质中所产生的持续而强烈的放电现象。

49. 什么是垫片密封比压?

答:法兰在预紧状态下达到预紧密封时,垫片上的压力,即垫片载荷,与垫片有效密封面积的比值。

50. 什么是垫片系数?

答:法兰在操作状态下,为保证密封不漏的最小残余压紧力,与作用在垫片有效压紧面上的总压力的比值。

51. 什么是汽油的催化重整?

答:在一定的温度和压力条件下,使汽油中烃分子在催化剂作用下重新排列成新的分子结构的过程。

52. 什么是管道的轴测图?

答:利用平行投影原理,将管道系统的各个部分的长、宽、高三个方向的形状在一个投影面上同时反映出来的图样。

53. 什么是强度和刚度?

答:强度是管道构件或材料抵抗破坏的能力。刚度是管道构件或材料抵抗变形的能力。

54. 什么是胀管?

答:将管子插入要连接的管孔中,对管子进行冷态扩张,使管子与管孔间保持径向压力,实现两者紧密连接的冷作工艺过程。

55. 什么是穿刺顶管法?

答:在管子前端套上封闭的金属锥形头,然后进行顶压,使管子穿越马路而敷设管道的一种施工方法。

56. 什么是乳状液?

答:两种(或两种以上)不互溶(或不完全互溶)的液体,其中一种以极小的液滴分散于另一种液体中,这种分散物系称为乳状液。

57. 什么是应力松弛?

答:在较高温度时,随着时间的延长,在其总变形量中,将有一部分弹性变形自动地转变为塑性变形从而使应力下降的现象。

58. 什么是爆炸极限?

答:某种易燃气体与空气混合时,在一定浓度范围内即使用外在火源去引燃这种混合物也不会发生闪火爆炸,这一浓度范围即为该种易燃气体的爆炸极限。

59. 什么是管道水击?

答:由于某种原因引起管道液体流速突然变化从而引起管内压力突然变化,突然变化的压力形成一种沿管道向前传播的压力波,这种现象叫管道的水击。

60. 什么是换热器?

答:在某种设备(容器)中,两种温度不同的流体进行热量交换,使一种流体降温而另一种流体升温,这种设备(或容器)就称为换热器。

61. 什么是管道测绘?

答:在施工现场按照设计图纸的要求根据设备安装就位的情况和土建施工情况,对安装的管段尺寸进行实测,并绘制成施工草图的方法。

62. 什么是井点降水?

答:在沿着所要施工的管沟边打下若干个带有滤水管头的井管,并将它们连通起来,通过射流泵或真空泵将地下水抽上来,以达到局部降低地下水位之目的的降水方法。

63. 简述热力管网水力计算步骤。

答:(1)绘制管网水力计算系统图;

(2)编制水力计算表;

(3)确定主干线及各分管段的管径;

(4)计算主干线及各分支管的阻力损失。

64. 管子的切割有哪几种方法?

答:在管道施工中切割管子常用机械切割及火焰切割两种方法。机械切割分为锯切、刀切、磨切、切管机切等。火焰切割为氧-乙炔焰切割。采用何种切割方法,应根据管子大小、材质、现场施工条件等决定。

65. 金属管道油漆层防腐作用是什么?起防腐作用的油漆层应有什么性能?

答:管道油漆的防腐作用是由于油漆膜将金属表面与外界介质严密地隔开,保护金属免受外界的腐蚀。因此,要求油漆层应在接触的介质中保持稳定,同时能形成连续无孔的膜,不透气、不透水,对金属管道表面有牢固的附着力,有一定的机械强度和弹性。

66. 房间的失热量包括哪些内容?

答:①围护结构耗热量;②加热由门、窗缝隙渗入室内的冷空气的耗热量;③加热由门、孔洞及相邻房间侵入的冷空气的耗热量;④加热由外部运入的冷物料和运输工具的耗热量;⑤水分蒸发的耗热量;⑥通风耗热量;⑦通过其他途径散失的热量。

67. 设置通气管的目的是什么?

答:设置通气管的目的是保护存水弯水封,使排水系统内的压力与大气压取得平衡,使排水管内形成良好的水流条件,进行管内换气,防止有害气体损伤人,减少排水系统的噪声。

68. 施工草图一般有哪些内容?

答:(1)管道、零件、部件的材质、规格、型号与数量。

(2)管道、设备等的空间位置。

(3)跨、支、吊、托架的形式、数量及安装位置。

(4)管道的坡度。

(5)设备的规格、型号及数量。

69. 柴油机由哪几部分组成?其工作原理是什么?

答:柴油机由曲柄连杆机构、配气机构和燃料供应系统,冷却系统,润滑系统和起运系统等组成。其工作原理是将燃料(柴油)燃烧时所产生的热能转变为机械能,发出动力,通过传动机构,驱动发电机和其他机械运动做功。

70. 管道试压的目的是什么?

答:目的是检查已安装好的管道系统的强度和严密性是否达到设计要求,也对承载管架及基础进行考验,以保证正常运行,它是检查管道安装质量的一项重要措施。

71. 离心风机的结构和工作原理是什么？

答：离心风机主要由外壳、叶轮、叶片、转轴、吸气口、排气口、扩散管等组成。离心风机是利用离心力的作用工作，与离心泵工作原理相同。

72. 什么是碳素钢“二合一”和“四合一”表面化学处理？

答：将金属表面的除油和除锈在“二合一”溶剂中一次完成的化学处理叫“二合一”处理。将金属表面的除油、磷化、除锈、钝化四个过程在“四合一”溶剂中一次完成的化学处理叫“四合一”处理。

73. 如何进行管道工程施工的机具准备？

答：依据承担的工作量和工程特点，提出需用机具名称、规格、型号、数量计划，交有关部门准备，对进场机具的规格、型号、数量进行核对，检验其质量，了解其性能，经常检查保养施工机具，制定维护和使用措施。

74. 锅炉泄漏主要指哪些设备？产生泄漏的原因是什么？

答：锅炉泄漏主要是指锅炉受热面、过热器、空气预热器、省煤器等设备、管子和锅炉汽水系统管道漏水、漏汽的现象。产生泄漏的原因，除了由于设备、管道系统安装质量不符合规定要求外，设备、管道在使用期间腐蚀严重也是引起泄漏的原因。而引起锅炉汽水系统管道漏水、漏汽的另一个主要原因就是管道、设备内部产生水击。

75. 原油含水过多在炼制中有什么危害？

答：原油含水过多在炼油厂炼制中会造成蒸馏塔压力操作不稳定，严重时甚至会造成冲塔事故，同时原油含水过多增加了热能消耗，增大了常减压装置中冷凝冷却器和蒸馏塔的负荷，也增加了内冷却水的消耗量。

76. 管道工程中常用的补偿器主要类型有哪些？试述管道系统设置补偿装置的目的。

答：管道工程中常用的补偿器主要有自然补偿器、波形补偿器、方形补偿器、U 形补偿器、填料式补偿器和球形补偿器等类型。管道系统设置补偿装置的目的是为了减少并释放管道受热膨胀时所产生的应力，保证管道在热状态下的稳定和安全运行。

77. 管道测绘的目的是什么？

答：目的是检查管道的设计尺寸、标高是否与实际相等，埋件及留孔位置是否正确，管道与设备、仪表安装及管道交叉点是否矛盾，同时确定在图纸上不能确定的尺寸、标高和角度，以满足加工预制的需要。

78. 热力管道布置有什么要求?

答:热力管道一般采用架空或地沟敷设,与其他管道同架敷设可沿建筑物布置时,应保证其最小间距。多层管架中,热力管道宜布置在上层。在煤气管道上层的热力管道伸缩器与煤气管道的伸缩器布置在同一位置上,并且同处固定。与易燃、易挥发、有毒、有腐蚀的液体和气体及冷冻管道不能同沟布置。

79. 论述热水采暖系统运行调节时采用的调节方式。

答:热水采暖系统运行调节是根据室外气候条件的变化而改变供热量。运行调节分为集中调节和局部调节两种方式。每种方式都可用手动或自动的方法来实现。所谓集中调节,就是调节从锅炉出来的热煤流量和温度以改变送出的总热量。而局部调节是利用单组散热支管上的阀门改变热煤流量,以调节其散热量。由于同一建筑物不同房间的耗热量受外界气候条件变化的影响不同,因此单靠集中调节不能同时满足各个房间的要求;反之,如果没有集中调节,只有局部调节,则由于各房间的实际需热量与锅炉房的供热不能及时平衡,将造成燃料的浪费。因此单独使用某种调节方式不能收到全面的良好效果,应将局部和集中两种调节方式互相结合起来进行调节。

80. 金属蠕变在蒸汽管道中会产生什么危害?

答:蒸汽管道中如出现金属蠕变现象就是说在管道应力不增加情况下,管道中其一部位的变形也会随时间慢慢增加。这种现象如发生在法兰螺栓上,则螺栓会慢慢变长,从而使法兰间发生漏气,严重时甚至会由于管材强度降低而造成管道破裂。

81. 热水采暖管网安装后如何调动和调整运行?

答:(1)充水。打开排气装置,向管内充水。

(2)冲洗。分粗洗和精洗,其目的是冲洗掉管道内各种杂质。

(3)加热。向管内充好软化水,待一切正常后启动循环泵,将水缓慢加热,同时检查管道,看有无不良现象发生。

(4)调整。调节各建筑物入口处的阀门或调压板,使各处压力基本相等。待管网水温达到设计要求时,对各采暖用户进行温度调整。

82. 对管道系统进行吹扫的目的是什么?

答:对管道系统进行吹扫(和清除)是为了清除遗留在管道内的铁屑、铁锈、焊渣、污泥、尘土、水分及其污物,以免这些杂物随流体沿管道流动时,堵塞管道,损坏阀泵和仪表,对泵等设备造成损坏,碰撞管壁,引起火花而造成事故。

83. 氨制冷系统中氨油分离器的作用是什么?

答:氨制冷系统中氨气在压缩过程中压缩机的一部分润滑油会变成油雾夹带在氨气中,氨油分离器就是用来除去氨气中携带的油雾，以防已雾化的润滑油进入冷凝器中，污染传热表面，降低热效率，同时，氨油分离器将雾化的润滑油重新转化为液状润滑油而供给压缩机，避免了压缩机缺润滑油。

84. 原油中的盐类对常减压装置有什么危害?

答:(1)在换热器和加热炉中，溶于水中的盐类随着水分的蒸发会逐渐沉积在管壁上形成盐垢，降低传热效率，增大流动压降，甚至会堵塞管路。

(2)盐类在水中会水解生成具有强腐蚀性的酸类，从而造成设备、管线的腐蚀。

(3)原油中的盐类大多会残留在常减压装置中的渣油和重馏内，降低了这些产品的质量，同时会对二次加工中的催化剂造成污染或中毒。

85. 埋地钢管如采用环氧煤沥青防腐，其防腐等级有几种? 说明各等级具体防腐结构。

答: 共有三种防腐等级:普通防腐、加强防腐、特加强防腐。具体防腐结构为:

(1)普通防腐:底漆—面漆—面漆;

(2)加强防腐:底漆—面漆—玻璃布—面漆—面漆;

(3)特加强防腐:底漆—面漆—玻璃布—面漆—玻璃布—面漆—面漆。

86. 简述工艺设备配管的施工顺序。

答:先配设备上部的管道，后配设备下部的管道，先配与设备连接的管道，后配与这些管道连接的分支管道。

先配施工图中标准投影面上的管道，后配其他投影面上的管道，为了减少高处作业和加快施工进度，应将一些设备的配管在地面上组装完后再与设备整体吊装。

87. 管道施工应准备哪些图纸资料?

答:应准备本工种的设计图，包括设计说明书、工艺流程图、平面布置图、管道安装图及有关的标准蓝图，如土建图、设备制造图、仪表电器图等，同时还应准备好施工组织设计、施工方案、施工技术交底及有关的国家标准、规范、操作规程、安全规程等资料。

88. 普通钢管套丝的作业方法及套丝长度有何要求?

答:将钢管夹紧在压力钳上，用棉纱擦净套丝部分，并涂润滑油再行套丝，套丝时应由浅入深，一般都要套拧三次。套丝长度如下:1/2″管丝扣长 16 mm，3/4″管丝扣长 19 mm，1″管丝扣长 22 mm，1 1/2″管丝扣长 26 mm，2″管丝扣长 28 mm。

89. 如何熔铅和运送熔化的青铅?

答:整条青铅须截成小块放进铅锅，禁止铅上带有水分及湿气。向已有熔铅的热锅内续铅时，须以铅勺徐徐放入，不得投掷入锅，以防溅爆烫伤。用铅勺由铅钢内盛取运送熔化的青铅时，不得在槽沟边缘和槽沟内水管上行走，以防震动或滑倒烫伤。

90. 手动阀门如何进行关闭？

答：(1)手动阀门是按照普通人的手力来设计的，不能用长杠杆或长扳手来扳动。

(2)启动阀门，用力应该平稳，不可冲击。

(3)当阀门全开后，应将手轮倒转少许，使螺纹之间严紧。

(4)操作时，如发现操作过于费劲，应分析原因。若填料太紧，可适当放松。

91. 论述锅炉缺水的原因。锅炉缺水有哪几种情况？

答：原因：(1)运行人员疏忽大意，对水位监视不严或误操作。

(2)给水自动调节器动作失灵。

(3)水位表指示不正确，有以下几种情况：①水位表的水连管及汽管阻塞时，会引起水位表内的水位上升，如汽连管阻塞，则水位上升极快，如水连管阻塞，则水位逐渐上升；②如水位表的放水旋塞漏水，将引起水位表内水位降低；③水位表有不严之处；④给水设备发生故障供不了水；⑤锅炉排污阀关不住或未关严，甚至在排污后未关排污阀；⑥炉管或省煤器管破裂。

锅炉缺水分两种情况：①轻微缺水，水位在玻璃管(板)内。②严重缺水，在采用“叫水”方法后，水位仍不能在玻璃管(板)内出现。

92. 试述室外热力管道平面布置方式及特点。

答：室外热力管道平面布置形式主要有树枝状和环状两种。树枝状热力管道是从主干管向各热点呈树枝状分布供热，其结构比较简单，造价较低，运行管理方便，但如果局部发生故障，将影响故障地点以后所有用户的供热。环状热力管道主干管呈环形，从主干管向各用户供热，供热可靠性高，但工程造价高，适用于供热要求严格的工业企业。

93. 简述水箱的作用及设置要求。

答：水箱的作用一是贮水，二是稳压。

水箱的设置要求有：①设置高度应按最不利处的配水点所需水压计算确定。②水箱应设置在便于维护，光线及通风良好且不冻结的地方，并应加盖以防污染。③水箱与墙面净距不得小于0.7 m，有浮球阀的一侧不得小于1.0 m，水箱顶至建筑结构最低点净距不得小于0.6 m。④钢板水箱应做好内外的防腐工作，其四周应有不小于0.7 m的检修通道。

94. PPR框架结构提料。

答：DE32PPR管8.4 m、DE25PPR管3.2 m、DE32PPR弯头3个、DE32三通7个、DE32PPR阀门1个、DE25PPR阀门1个、DE32×20外直接1个、DE32×25三通3个、DE25×20三通2个、DE25弯头1个、DE25三通1个、DE25内丝三通4个、DN20水龙头4个。

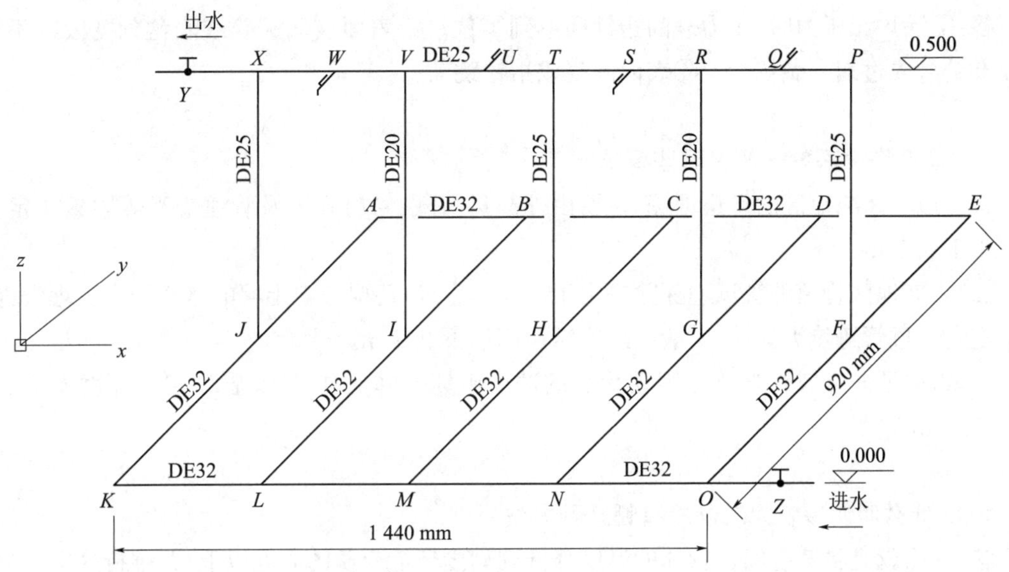

注：（1）水平尺寸标注为管中心到中心；

（2）$KL=LM=MN=NO=360$ mm；$AJ=JK=460$ mm；$XY=OZ=80$ mm。

95. 烘炉和煮炉的目的是什么？

答：烘炉的目的是将炉墙中的水分慢慢烘干，以免在锅炉运行时因炉墙内的水分急剧蒸发而出现裂缝。煮炉的目的在于清除锅炉内的锈蚀和污垢。

锅炉在烘炉前应具备下列条件：①锅炉及其附属装置全部安装完毕，水压试验合格。②炉墙和绝热工作已结束，并经过自然干燥。③烘炉需用的各附属设备试运转完毕，能随时运行。④热工和电气仪表已安装、校验和调试完毕，性能良好。⑤炉墙上的测温点和取样点，锅筒上的膨胀指示器已设置好。⑥做好各项临时设施，有足够的燃料，必要的工具、材料、备品和安全用品等。

96. 对新阀门解体进行检查时，质量应符合哪些要求？

答：①阀座与阀体结合牢固；②阀芯与阀座、阀盖与阀体的结合良好，并无缺陷；③阀杆与阀芯的连接灵活、可靠；④阀杆无弯曲、锈蚀，阀杆与填料压盖配合适度；⑤垫片、填料、螺栓等齐全，无缺陷。

97. 对管道设备进行定期巡视时，要注意哪些？

答：巡视时，应注意有无新建构筑物压、建在管线、消火栓井及阀门井室上，防止在管路及附件井上堆放重物；对其他施工工地，更要加强巡视，防止既有管道被施工机械挖断、挖空或被压、占；管道防寒覆土层有无减少等威胁管道安全的情况发生。此外，还要注意各井盖、水道标志有无损失、丢失，如有上述情况，应及时通知工区及时配补，以免伤人。

98. 压力表在什么情况下停止使用?

答:①锅炉无压力时,压力表的指针回不到零位。②表面玻璃破碎或表盘刻度模糊不清。③没有铅封或过期未做校验。④表内漏气或指针跳动。

99. 管道埋设深度一般有哪些要求?

答:(1)非冰冻地区的管道埋深,主要由外部负荷载、管材强度及管道交叉等因素决定,一般不小于 0.7 m。

(2)冰冻地区管道的管顶埋深除决定于上述因素外,还要考虑土壤的冰冻深度。埋设深度的确定应通过管道热力计算,一般应距冻结深度以下 0.2 m。

(3)为保证非金属管管体不因动荷载的冲击破坏而降低强度,其管顶覆土深度不应少于 1.0~1.2 m。

100. 什么叫制冷? 人工制冷有哪几种方法?

答:制冷就是将某空间及物体的温度降低到周围环境介质的温度以下,并维持这个低温的过程。为了达到这一目的,就必须不断地从该物体中取出热量,并转移到周围介质中去,这个过程称为制冷。人工制冷的方法很多,有利用物质融化、汽化、升华等相态变化时的吸热效应;有利用气体膨胀产生冷效应实现制冷;还可利用半导体的温差电效应实现制冷。

S1 ϕ32 mm×3 mm 无缝钢管煨制 90°弯头

一、考核准备

(一)材料准备

准备 ϕ32 mm×3 mm 无缝钢管,如图所示(单位:mm)。

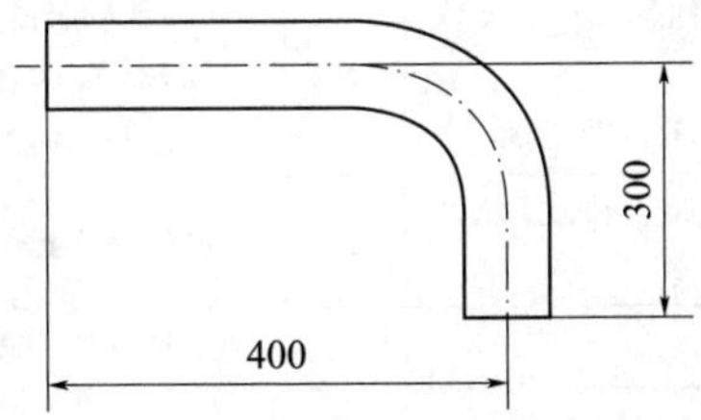

(二)设备、工具准备

准备钢卷尺、气焊工具、模具。

(三)考场准备

考场符合安全技术施工要求。

二、考核内容及要求

(一)考核内容

1. 穿好劳保服装,备齐劳动工具。
2. 施工现场整洁,物品摆放有序,考试准备规范,选用材料正确。
3. 按安全、技术操作规范施工,按要求自检产品并做好标记。
4. 画线准确,要考虑加热长度,允许偏差±1 mm。
5. 外观平整均匀。
6. 外观尺寸允许偏差为±1 mm。
7. 弯曲角度允许偏差为±3°。

(二)考核时限

工时定额 30 min。

(三)考试要求

用氧-乙炔焰割炬加热,手工进行。

职业技能等级认定
管道工技师实作技能考核评分记录表

单位：　　姓名：　　性别：　　准考证号：　　工种：　　级别：

试题名称：ϕ32 mm×3 mm 无缝钢管煨制 90°弯头　　考核时间：30 min

操作开始时间：　时　分　　操作结束时间：　时　分

序号	考核内容	考核要求	配分	评分标准	实测	得分
1	工作前准备	(1)劳保着装； (2)工具准备	10	(1)劳保着装不符合要求扣 5 分； (2)工具准备不符合要求每项扣 2 分		
2	物料、设施准备	(1)设施、现场整洁，物品摆放有序； (2)选用材料正确，考核准备规范	10	(1)现场脏乱每处扣 1 分； (2)材料选择不合理及准备工作不当，每项扣 4 分		
3	工作内容	画线准确，要考虑加热长度，允许偏差±1 mm	10	每超差 1 mm 扣 2 分		
		外观平整均匀	20	不平整扭曲等缺陷，酌情扣 1～20 分		
		外观尺寸允许偏差为±1 mm	20	每超差 1 mm 扣 2 分		
		弯曲角度允许偏差为±3°	15	每超差 1°扣 2 分		
		工时定额 30 min	5	提前不加分，每超过规定时间 1 min 扣 1 分		
4	安全文明生产，工程质量检验	(1)按安全技术操作规范施工； (2)严格按要求自检产品并做好标记	10	(1)每违反 1 次安全技术操作规定扣 5 分； (2)对自检产品每出现 1 次错误扣 5 分		

考评员签名：　　被鉴定人签名：　　年　月　日

S2　过滤器旁通管的制作与安装

一、考核准备

准备水平尺、榔头、角尺、线锤、扳手等工具；有现场预制组对法兰场地；有三角架、手拉葫芦、焊机、磨光机、氧-乙炔割炬等。

二、考核内容及要求

1. 试题内容：有一根 DN300 的工业水管道，要求在管道上加一过滤器，为保证供水的连续，还需加装过滤器旁通管，如图所示(单位：mm)。

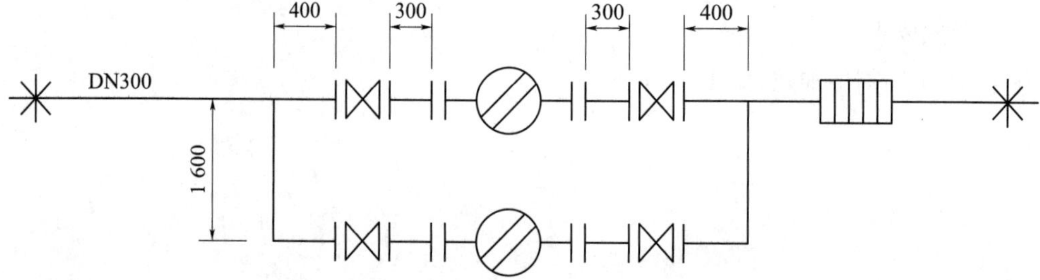

2. 时间要求:4 h。

3. 考核要求及评分标准见表。

考核项目	考核内容及考核要求	配分	评分标准
一般项目	熟悉安装内容,确定安装程序;查阅相关资料;清理好施工场所;检查制作安装用工具、设备是否齐全完好;组织分配好相关配合人力	10	每做到一点得2分
主要项目	对法兰、螺栓、垫圈进行清理检查,查看法兰螺栓、垫圈的规格、型号、数量是否相符,质量是否符合要求。对过滤器进行全面仔细检查,查看进出口法兰偏斜度是否符合标准,DN300的法兰偏斜度为1 mm。检查过滤器上各连接管的质量	8	检查全面,法兰清理干净不扣分,反之适量扣分
	在平台上预制法兰短管,同一短管上的两片法兰螺栓孔应在同一条线上,管端应插入法兰2/3。法兰面必须垂直于管中心,允许偏斜度为1 mm,两法兰应相对平行。短管法兰组对好之后长度误差不超过±5 mm。 然后,放样制作三通,三通的角度必须是90°,在支管部分要进行坡口,在主管局部进行坡口。在三通上的两片法兰螺孔中心线在水平方面应在同一线上,其余与法兰短管组对要求一样。 在法兰短管和三通及法兰预制好后进行组装,先把主管割下一截,长度比旁通管路组合尺寸稍长20 mm,从割断的一边进行组装,在主管上的一片法兰用线锤找正,其最上面两个螺孔应保持水平。法兰与法兰连接应保持同轴,螺栓孔中心偏差一般不超过孔径的5%,并保证螺栓自由穿入,法兰垫片不得使用斜垫和双层垫片,垫片应安在法兰中心位置。连接前还应对法兰密封面进行清除,直至露出金属光泽,法兰水线要剔清楚。垫片安装时,应根据需要涂以油脂。法兰连接应采用统一规格的螺栓和配套的垫圈,安装方向应一致,拧紧时应对称均匀,分2~3次拧紧,拧紧后螺帽外的螺杆长度不得超过5 mm。两法兰连接时应平行自然,其平行度偏差不大于法兰外径的1.5‰,且不大于2 mm,连接过滤器时,过滤器的水平偏差不超过1/500,两过滤器的中心距不应偏差±20 mm,且过滤器的重力不能负荷在管道上,主管最后一道法兰连接应在伸缩补偿器之后完成,伸缩补偿器应把伸缩长度控制得当,伸缩补偿器的安装法兰连接要求与前述组对要求一样,全部组装完后进行试水	60	每片法兰与管子组对时偏斜度超差扣1分,管端部分插入法兰尺寸超差扣0.5分,短管长度超差扣1分,短管两法兰螺孔中心线未同线扣1分,三通上两法兰孔中心线水平方向未同线扣1分。 主管上两边法兰其最上两孔不水平扣2分,法兰与法兰不同轴,螺栓孔中心偏差超差扣1分。 垫片未涂油脂扣2分,螺栓长度超长扣2分,安装方向不一致扣2分,拧紧操作方法不当扣2分,两法兰平行度超差扣1分,过滤器安装不合要求扣3分,补偿器未调到合适的伸缩位置扣1分,安装不当扣2分
综合项目	在制作安装过程中工序是否正确,在节约人力、物力方面是否合格,使用的制作安装方法是否便捷,安装工艺是否美观等	15	制作和安装工序不正确扣6分,制作和安装方法不当扣6分,工艺不美观扣3分
安全文明生产	遵守国颁安全生产法规有关规定和企业自定有关规定	4	违反有关规定扣1~4分
	遵守企业有关文明生产规定	3	工作场地整洁,工具、设备整齐合理不扣分,稍差扣1分,很差扣3分

4. 操作要求：在安装前熟悉图样，确定施工方案、程序，及时组织好人力，并清扫现场。然后对照图样清查材料，应对法兰外形尺寸进行检查，包括外径、内径、坡口、螺栓孔径及数目，螺栓孔中心距，凸缘高度等是否符合设计要求。法兰密封面应平整光洁，不得有毛刺及径向沟槽。螺栓及螺母的螺纹应完整，无伤痕、毛刺等缺陷，橡胶石棉垫应质地柔韧，无老化、变质和分层现象，表面不应有折损、皱纹等缺陷，材质应与设计选定的相一致。检查过滤器的进出口法兰是否已达到标准，焊接质量是否符合要求。

在组对短管法兰时，应先在短管上分出一条平行管轴线的线，然后从管端量出 2/3 法兰厚度并做记号，把法兰两相邻两孔的中心点画出，中心点对准管上已画好的平轴线，插入 2/3 法兰并施点焊，然后用尺寸校正法兰，校正时尺寸应成十字交叉，反复测量、校正法兰角度，直到角尺与管壁面都成一致夹角时才能点死施焊。

在制作好三通并连接好弯头短管后，组对法兰时，应使三通组合管横纵方向都置于水平位置，然后将法兰套入管上 2/3 法兰厚度，用水平将法兰最上两孔置于水平位置，三通上的两片法兰最上面的两个螺栓孔应在同一条线上，待复检合格后可以施焊。

在组对过程中需要注意的是，安装顺序应如图从左至右，法兰端面必须保持清洁。一定要将法兰垫片置于法兰管孔中心。并在法兰垫片上涂以油脂，以便以后拆卸清理和加强密封。法兰连接时应保持同轴，螺栓孔中心要对准，使螺栓能自由穿入，拧紧时用十字交叉法拧紧，分 2～3 次完成，拧紧后的螺栓露出螺帽外长度不得超过 5 mm。拧紧后外露螺杆应涂上油脂防锈便于以后拆装。在组对同时，随时检查法兰最上两孔是否保持水平，不水平的应及时进行调整。

在安装最后一道法兰时，先将伸缩补偿与主管上最后一道法兰用螺栓连接，两法兰之间加入比垫片稍厚一点的钢板或几根焊条，拧紧螺栓，使两法兰保持平行，两法兰螺孔中心对准，然后对主管上的法兰施焊，等冷却后卸掉上半圈螺杆，取出钢板或铁丝条，加入橡胶石棉垫，最后拧紧，利用伸缩补偿有一定补偿能力，可以不影响其他设备的位置。

在全部安装完毕后先缓慢放水进行检漏，如有渗漏应在无水压情况下复拧法兰螺杆直到不漏，再将压力升至工作压力下进行检漏，有漏必须卸压进行紧固法兰，由于主管事先已安装好，所以旁通系统不必单独进行水压试验。

S3　样板制作

一、考核准备

(一)材料准备

准备油毡纸、ϕ76 mm×3.5 mm 无缝钢管，如图所示(单位：mm)。

(二)设备、工具准备

准备钢卷尺、气焊工具、计算器、划规。

(三)考场准备

考场符合安全技术施工要求。

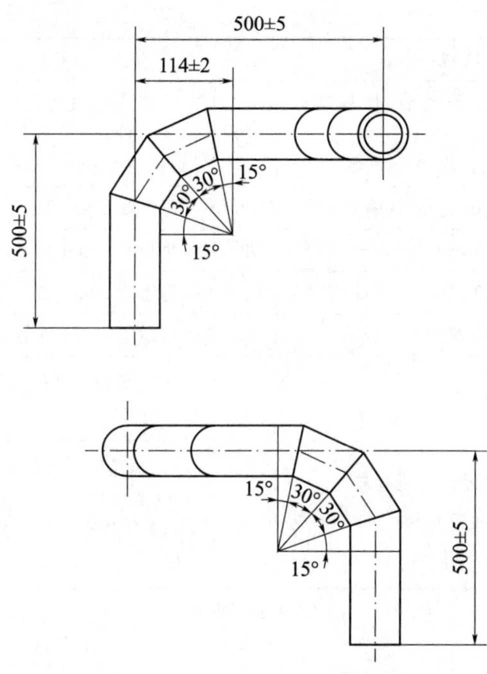

二、考核内容及要求

(一)考核内容

1. 穿好劳保服装,备齐劳动工具。
2. 施工现场整洁,物品摆放有序,考试准备规范,选用材料正确。
3. 按安全、技术操作规范施工,按要求自检产品并做好标记。
4. 样板制作弯头部分允许偏差±2°。
5. 外形尺寸允许偏差±5 mm。
6. 半径尺寸允许偏差±2 mm。
7. 并接焊缝允许偏差 1.5 mm。

(二)考核时限

工时定额 60 min。

职业技能等级认定
管道工技师实作技能考核评分记录表

单位: 姓名: 性别: 准考证号: 工种: 级别:

试题名称:样板制作 考核时间:60 min

操作开始时间: 时 分 操作结束时间: 时 分

序号	考核内容	考核要求	配分	评分标准	实测	得分
1	工作前准备	(1)劳保着装; (2)工具准备	10	(1)劳保着装不符合要求扣 5 分; (2)工具准备不符合要求每项扣 2 分		

续表

序号	考核内容	考核要求	配分	评分标准	实测	得分
2	物料、设施准备	(1)设施、现场整洁,物品摆放有序; (2)选用材料正确,考核准备规范	10	(1)现场脏乱每处扣1分; (2)材料选择不合理及准备工作不当,每项扣4分		
3	工作内容	样板制作弯头部分允许偏差±2°	20	每超差1°扣5分		
		外形尺寸允许偏差±5 mm	20	每超差1 mm扣4分		
		半径尺寸允许偏差±2 mm	15	每超差1 mm扣5分		
		并接焊缝允许偏差1.5 mm	10	每超差1 mm或每处缺陷扣2分		
		工时定额60 min	5	提前不加分,每超过规定时间1 min扣1分		
4	安全文明生产,工程质量检验	(1)按安全技术操作规范施工; (2)严格按要求自检产品并做好标记	10	(1)每违反1次安全技术操作规定扣5分; (2)对自检产品每出现1次错误扣5分		

考评员签名:　　　　被鉴定人签名:　　　　年　月　日

S4　132型散热器安装组对

一、考核准备

要求场地内摆放好台案,检查暖气片、管件及工具的完整性。

二、材料工具准备

序　号	名　　称	规　　格	数　　量
1	散热器	132	4片
2	散热器(带足)	132	2片
3	暖气堵头正扣	DN40	1个
4	暖气补心正反各一个	DN20	2个
5	暖气补心反扣	ϕ8 mm	1个
6	暖气胶垫	DN40	15个
7	暖气对丝	DN40	10个
8	镀锌钢管	DN20	2 m
9	铁活接(含胶垫)	DN20	3个
10	铁三通	DN20	2个
11	六棱短丝	DN20	3个
12	截止阀	DN20	3个
13	放风阀	8 mm	1个
14	填料麻丝		若干

三、考核要求

1. 被鉴定人入场后，首先由裁判告知题目，其次由被鉴定人检查识别工具、材料的数量，到控制台案确认工具，当被鉴定人告知裁判可以开始时，由裁判员开始计时。

2. 考核管子切断、管子套螺纹、管件的选择、阀组的安装。

3. 时间额定，本次考核时间总工时 180 min，准备工时 20 min，加工工时 160 min。

4. 考核完毕后，由被鉴定人在评分表上签字确认。

四、考核评分

1. 考评人员 3 名以上。

2. 评分程序及规则：考评员根据考生操作情况对照计分标准在评分表上给予记录评分。

3. 算分方法：采用百分制，满分 100 分，60 分及以上为合格。

职业技能等级认定
管道工技师实作技能考核评分记录表

单位：　　　　姓名：　　　性别：　　　准考证号：　　　　　　工种：　　　　级别：

试题名称：132 型散热器安装组对　　　　　　　　　　　　　　　考核时间：180 min

操作开始时间：　　时　　分　　　　　　　　　操作结束时间：　　时　　分

<table>
<tr><th>项目</th><th>考核内容及评分标准</th><th>扣分因素及扣分</th><th>得分</th></tr>
<tr><td rowspan="2">操作暖气安装程序（10 分）</td><td>暖气片安装前必须清理表面杂质，不清理扣 5 分，配分 5 分</td><td></td><td rowspan="2"></td></tr>
<tr><td>暖气片安装方向正确，方向一处不正确扣 1 分，配分 5 分</td><td></td></tr>
<tr><td rowspan="11">管道安装质量（72 分）</td><td>管道横平竖直，超过允许偏差 3 mm 每处扣 1 分，配分 5 分</td><td></td><td rowspan="11"></td></tr>
<tr><td>管子切断平齐，斜度大于 1 mm 扣 2 分，配分 5 分</td><td></td></tr>
<tr><td>各尺寸误差应小于±3 mm，不符合一处扣 2 分，配分 6 分</td><td></td></tr>
<tr><td>钢管外露丝扣 2～3 扣，不符合一处扣 1 分，配分 5 分</td><td></td></tr>
<tr><td>活接安装方向不正确，扣 1 分，配分 1 分</td><td></td></tr>
<tr><td>截止阀安装方向不正确，扣 1 分，配分 5 分</td><td></td></tr>
<tr><td>截止阀安装应垂直，阀体垂直偏差≥3°，且<5°，扣 1 分，配分 5 分</td><td></td></tr>
<tr><td>水压试验，漏水形成水流状，每处扣 10 分，配分 20 分</td><td></td></tr>
<tr><td>水压试验，滴水状漏水，滴水间隔时间≤10 s，每处扣 5 分，配分 10 分</td><td></td></tr>
<tr><td>水压试验，渗水、滴水间隔时间≥10 s，每处扣 2 分，配分 5 分</td><td></td></tr>
<tr><td>钢管丝扣填料未清理一处扣 0.5 分，配分 5 分</td><td></td></tr>
<tr><td>工具使用（5 分）</td><td>正确使用各工具，违规使用工具扣 5 分，配分 5 分</td><td></td><td></td></tr>
<tr><td rowspan="2">作业安全（8 分）</td><td>着装符合要求，防护服、防护鞋，缺少一样扣 1 分，配分 3 分</td><td></td><td rowspan="2"></td></tr>
<tr><td>抛掷工具、材料扣 5 分，配分 5 分</td><td></td></tr>
<tr><td>考核时间（5 分）</td><td>作业在 180 min 内完成，超时 1 min 以上扣 5 分</td><td></td><td></td></tr>
<tr><td>合计得分</td><td colspan="3"></td></tr>
</table>

考评员签名：　　　　　　　　　　　　被鉴定人签名：　　　　　　　　　　年　　月　　日

S5 水表组的安装

一、考核准备

要求场地内摆放好台案,管材、管件及水表件的准备。

二、材料工具准备

序 号	名 称	规 格	数 量
1	PPR 管	DE25	3.5 m
2	PPR 截止阀	DE25	6 个
3	PPR 内丝直接	DE20	1 个
4	PPR 大小头	DE25×20	1 个
5	PPR 三通	DE25	4 个
6	PPR 活接	DE25	1 个
7	PPR 弯头	DE25	2 个
8	旋翼式水表	20 mm	2 组
9	PPR 内丝直接	DE25	4 个
10	生料带		5 盒

三、考核要求

1. 被鉴定人入场后,首先由裁判告知题目,其次由被鉴定人检查识别工具、材料的数量,到控制台案确认工具,当被鉴定人告知裁判可以开始时,由裁判员开始计时。

2. 考核管子切断、管子套螺纹、管件的选择、阀组的安装。

3. 时间额定,本次考核时间总工时 150 min,准备工时 20 min,加工工时 130 min。

4. 考核完毕后,由被鉴定人在评分表上签字确认。

四、考核评分

1. 考评人员 3 名以上。

2. 评分程序及规则:考评员根据考生操作情况对照计分标准在评分表上给予记录评分。

3. 算分方法:采用百分制,满分 100 分,60 分及以上为合格。

职业技能等级认定
管道工技师实作技能考核评分记录表

单位：　　　　姓名：　　　　性别：　　　　准考证号：　　　　　　　　工种：　　　　级别：

试题名称：水表组的安装　　　　　　　　　　　　　　　　　　　　　　　　考核时间：150 min

操作开始时间：　　时　　分　　　　　　　　　　　　操作结束时间：　　时　　分

项目	考核内容及评分标准	扣分因素及扣分	得分
操作水表程序（15分）	水表安装应水平，不水平扣5分，配分5分		
	方向正确，方向不正确扣5分，配分5分		
	水表安装密封性要好，密封不好一处扣2分，配分5分		
管道安装质量（67分）	管道横平竖直，超过允许偏差3 mm每处扣1分，配分5分		
	管子切断平齐，斜度大于1 mm扣2分，配分5分		
	各尺寸误差应小于±3 mm，不符合一处扣2分，配分6分		
	管道连接结合面应有均匀的熔接圈，没有的、有熔瘤的、凹凸不平的，每处扣2分，配分10分		
	活接安装方向不正确，扣1分，配分1分		
	截止阀安装方向不正确，扣1分，配分5分		
	截止阀安装应垂直，阀体垂直偏差≥3°，且＜5°，扣1分，配分5分		
	水压试验，漏水形成水流状，每处扣5分，配分15分		
	水压试验，滴水状漏水，滴水间隔时间≤10 s，每处扣5分，配分15分		
	水压试验，渗水、滴水间隔时间≥10 s，每处扣2分，配分5分		
工具使用（5分）	正确使用各工具，违规使用工具扣5分，配分5分		
作业安全（8分）	着装符合要求，防护服、防护鞋，缺少一样扣1分，配分3分		
	抛掷工具、材料扣5分，配分5分		
考核时间（5分）	作业在120 min内完成，超时1 min以上扣5分		
合计得分			

考评员签名：　　　　　　　　　　　　被鉴定人签名：　　　　　　　　　　　　年　　月　　日

S6　四柱760型散热器安装提料

一、考核准备

要求场地内摆放好台案，检查暖气片和管件及工具的完整性。

二、材料工具准备

序　号	名　　称	规　　格	数　　量
1	散热器	四柱760	2片
2	散热器(带足)	四柱760	4片

续表

序 号	名 称	规 格	数 量
3	暖气堵头(反扣)	DN40	1个
4	暖气补心(正扣)	DN20	4个
5	暖气补心(反扣)	DN20	2个
6	暖气补心(反扣)	ϕ8 mm	1个
7	暖气胶垫	DN40	16个
8	暖气对丝	DN40	8个
9	镀锌钢管	DN20	1.5 m
10	铁活接(含胶垫)	DN20	4个
11	六棱短丝	DN20	4个
12	截止阀	DN20	2个
13	防风阀	8 mm	1个
14	填料麻、生料带		若干

三、考核要求

1. 被鉴定人入场后，首先由裁判告知题目，其次由被鉴定人检查识别工具、材料的数量，到控制台案确认工具，当被鉴定人告知裁判可以开始时，由裁判员开始计时。

2. 考核暖气片的组对、管子切断、管子套螺纹、管件的选择、阀组的安装。

3. 时间额定，本次考核时间总工时 200 min，准备工时 20 min，加工工时 180 min。

4. 考核完毕后，由被鉴定人在评分表上签字确认。

四、考核评分

1. 考评人员 3 名以上。

2. 评分程序及规则：考评员根据考生操作情况对照计分标准在评分表上给予记录评分。

3. 算分方法：采用百分制，满分 100 分，60 分及以上为合格。

职业技能等级认定
管道工技师实作技能考核评分记录表

单位：　　　姓名：　　性别：　　准考证号：　　　　工种：　　　级别：

试题名称：四柱 760 型散热器安装提料　　　　　　　　　　考核时间：200 min

操作开始时间：　时　　分　　　　　　操作结束时间：　时　　分

项目	考核内容及评分标准	扣分因素及扣分	得分
操作暖气安装程序(10分)	暖气片安装前必须清理表面杂质，不清理扣 5 分，配分 5 分		
	暖气片安装方向正确，方向一处不正确扣 1 分，配分 5 分		
管道安装质量(72分)	管道横平竖直，超过允许偏差 3 mm 每处扣 1 分，配分 5 分		
	管子切断平齐，斜度大于 1 mm 扣 2 分，配分 5 分		

续表

项目	考核内容及评分标准	扣分因素及扣分	得分
管道安装质量（67分）	各尺寸误差应小于±3 mm，不符合一处扣2分，配分6分		
	钢管外露丝扣2～3扣，不符合一处扣1分，配分5分		
	活接安装方向不正确，扣1分，配分1分		
	截止阀安装方向不正确，扣1分，配分5分		
	截止阀安装应垂直，阀体垂直偏差≥3°，且<5°，扣1分，配分5分		
	水压试验，漏水形成水流状，每处扣5分，配分15分		
	水压试验，滴水状漏水，滴水间隔时间≤10 s，每处扣5分，配分10分		
	水压试验，渗水、滴水间隔时间≥10 s，每处扣2分，配分5分		
	钢管丝扣填料未清理一处扣0.5分，配分5分		
工具使用（5分）	正确使用各工具，违规使用工具扣5分，配分5分		
作业安全（13分）	着装符合要求，防护服、防护鞋，缺少一样扣1分，配分3分		
	抛掷工具、材料扣5分，配分10分		
考核时间（5分）	作业在200 min内完成，超时1 min以上扣5分		
合计得分			

考评员签名：　　　　　　　　　　　　　被鉴定人签名：　　　　　　　　　　　　年　　月　　日

S7　镀锌钢管螺纹连接

一、题　　目

1. 按图示尺寸组装卡式水表，DN20镀锌钢管，并进行水压试验，试验压力0.8 MPa。

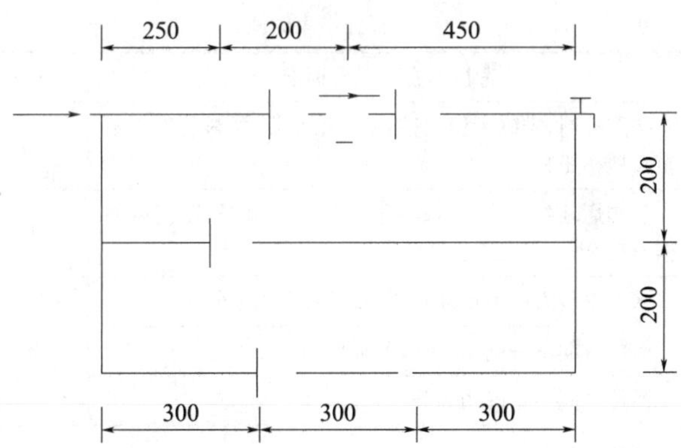

注：图示尺寸以毫米计，尺寸线均为配件中心线。

2. 阀门采用截止阀，进水口方向安装DN20×15补芯+DN15外丝，出口安装DN15的水龙头。

二、考试要求

1. 管子下料用手工钢锯，绞丝用手动铰板进行。

2. 按规定着装,安全、正确使用劳动工具。

3. 设施、现场整洁,物品摆放有序,考试准备规范,选用材料正确。

4. 安全、规范操作,按有关技术要求自检产品。

5. 不得携带与实作考核相关的纸质资料,不得与其他被鉴定人交谈,3 次违反的取消考核资格。

6. 管件损坏需重新领取的请向裁判示意,超过 3 件考核失格。

7. 有问题或困难请向裁判示意,不得大声喧哗影响其他被鉴定人考核。

三、考核时限

1. 操作时间 200 min。

2. 规定时间内完成不加分;每超 3 min 扣 1 分,超 20 min 失格。

3. 规定时间内提前完成可向裁判提出申请试压自检,但试压自检时间不得超过规定时间。

四、考核评分

1. 考评人员 3 名以上。

2. 评分程序及规则:考评员根据考生操作情况对照计分标准在评分表上给予记录评分。

3. 算分方法:采用百分制,满分 100 分,60 分及以上为合格。

职业技能等级认定
管道工技师实作技能考核评分记录表

单位:　　　　姓名:　　　　性别:　　　　准考证号:　　　　工种:　　　　级别:

试题名称:镀锌钢管螺纹连接　　　　考核时间:200 min

操作开始时间:　　时　　分　　　　操作结束时间:　　时　　分

序号	分数	序号	考核内容及评分标准	配分	扣分	得分
操作技能	90	1	按图提料,准确无误,每错一项扣 2 分,材料名称不规范每项扣 1 分	3		
		2	丝扣烂牙扣 3 分;锯口不平整扣 3 分;丝扣连接后外露不在 2～3 扣范围扣 4 分	10		
		3	水表安装方向不正确扣 2 分;不垂直扣 3 分	5		
		4	阀门方向不正确扣 2 分,不垂直扣 3 分	5		
		5	活接方向不正确扣 3 分	3		
		6	外观不平整扣 4 分	4		
		7	麻丝、生胶带外露超 3 mm 每处扣 1 分,最多扣 4 分;成品不整洁扣 2 分	6		
		8	分段的尺寸超 3 mm 扣 5 分,总长度尺寸超出 4～6 mm 扣 10 分	15		
		9	成品宽度超 3 mm 扣 5 分	5		
		10	管件损坏需更换扣 4 分	4		

续表

序号	分数	序号	考核内容及评分标准	配分	扣分	得分
操作技能	90	11	水压试验漏水失格	—		
		12	水压试验渗水扣 20 分	20		
		13	每超过 2 min 扣 1 分	10		
		14	超过 20 min 未完成失格	—		
安全及其他	10	15	符合安全生产的有关规定，违反规定扣 5 分	5		
		16	施工准备，料具堆放整齐，现场不整洁扣 2 分；工具使用不当扣 3 分	5		
合计	100			100		

考评员签名：　　　　　　　　　　被鉴定人签名：　　　　　　　　　　年　　月　　日

S8　PPR 塑料管热熔连接

一、题　　目

1. 按图示尺寸组装卡式水表，DE25 热熔 PPR 管材，阀门采用截止阀。
2. 进行水压试验，试验压力 1.0 MPa。
3. 进水口方向安装 DE25×DN15 直接外丝，出口安装 DN15 的水龙头。

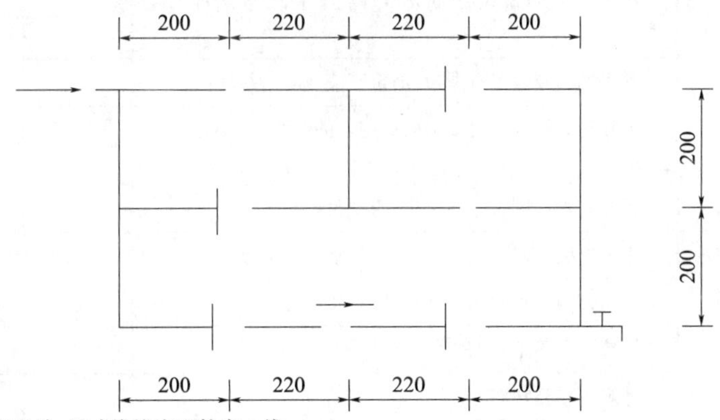

注：图示尺寸以毫米计，尺寸线均为配件中心线。

二、考试要求

1. 管子下料用手工专用截断工具，使用手动热熔机熔接。
2. 按规定着装，安全、正确使用劳动工具。
3. 设施、现场整洁，物品摆放有序，考试准备规范，选用材料正确。
4. 安全、规范操作，按有关技术要求自检产品。
5. 不得携带与实作考核相关的纸质资料，不得与其他被鉴定人交谈，3 次违反的取消考核资格。
6. 管件损坏需重新领取的请向裁判示意，超过 3 件考核失格。

7. 有问题或困难请向裁判示意，不得大声喧哗影响其他被鉴定人考核。

三、考核时限

1. 操作时间 150 min。
2. 规定时间内完成不加分；每超 5 min 扣 1 分，超 30 min 失格。
3. 规定时间内提前完成可向裁判提出申请试压自检，但试压自检时间不得超过规定时间。

四、考核评分

1. 考评人员 3 名以上。
2. 评分程序及规则：考评员根据考生操作情况对照计分标准在评分表上给予记录评分。
3. 算分方法：采用百分制，满分 100 分，60 分及以上为合格。

职业技能等级认定
管道工技师实作技能考核评分记录表

单位：　　　　姓名：　　　性别：　　　准考证号：　　　　　　　工种：　　　　级别：

试题名称：PPR 塑料管热熔连接　　　　　　　　　　　　　　　　　　考核时间：150 min

操作开始时间：　　时　　分　　　　　　　　操作结束时间：　　时　　分

序号	分数	序号	考核内容及评分标准	配分	扣分	得分
操作技能	90	1	按图提料，准确无误，每错一项扣 2 分，材料名称不规范每项扣 1 分	3		
		2	管子端面及表面有裂痕、严重磨痕、油污，每项扣 3 分	3		
		3	无旋转直线插入使接头处有均匀的凸缘，否则每处扣 1 分	3		
		4	做好熔焊深度及方向标记，否则每处扣 1 分	4		
		5	水表安装方向不正确扣 2 分；不垂直扣 3 分	5		
		6	阀门方向不正确扣 2 分，不垂直扣 3 分	5		
		7	活接方向不正确扣 3 分	3		
		8	外观不平整扣 5 分	5		
		9	成品不整洁扣 5 分	5		
		10	分段的尺寸超 3 mm 扣 5 分，总长度尺寸超出 4～6 mm 扣 10 分	15		
		11	成品宽度超 3 mm 扣 5 分	5		
		12	管件损坏需更换扣 4 分	4		
		13	水压试验漏水失格	—		
		14	水压试验渗水扣 20 分	20		
		15	管材与管件中心线未保持一致，扣 2～4 分	4		
		16	每超过 10 min 扣 2 分	6		
		17	超过 30 min 未完成失格	—		

续表

序号	分数	序号	考核内容及评分标准	配分	扣分	得分
安全及其他	10	18	符合安全生产的有关规定，违反规定扣 5 分	5		
		19	施工准备，料具堆放整齐，现场不整洁扣 2 分；工具使用不当扣 3 分	5		
合计	100			100		

考评员签名：　　　　　　　　　　被鉴定人签名：　　　　　　　　　　年　　月　　日

S9　热弯压缩空气支管

一、考核准备

(一)材料准备

准备 ϕ108 mm×4 mm 无缝钢管，如图所示(单位：mm)。

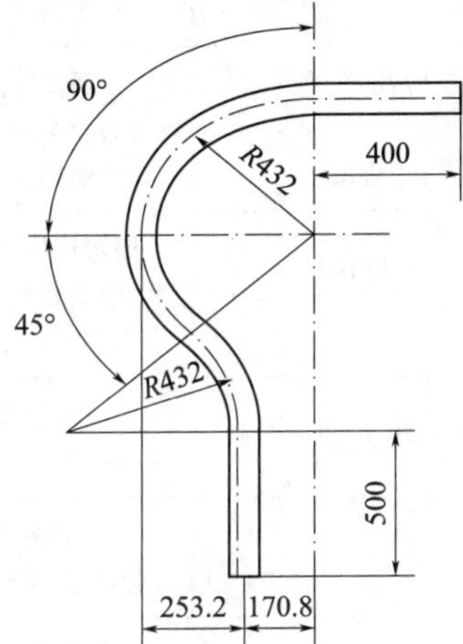

(二)设备、工具准备

准备气焊工具、模具、钢卷尺。

(三)考场准备

考场符合安全技术施工要求。

二、考核内容及要求

(一)考核内容

1. 穿好劳保服装，备齐劳动工具。
2. 设施、现场整洁，物品摆放有序，考试准备规范，选用材料正确。
3. 按安全技术操作规范施工，按技术要求自检产品并做好标记。
4. 煨弯现场布置完善，砂子粒度选择正确，加热温度适当。
5. 不得有裂纹、分层过烧等缺陷。

6. 减薄率不超过 15%。
7. 椭圆率不超过 8%。
8. 弯曲角度不超过±5°。
9. 波浪度不得大于 4 mm。
(二)考核时限
工时定额 4 h。

职业技能等级认定
管道工技师实作技能考核评分记录表

单位：　　　　姓名：　　　性别：　　　准考证号：　　　　　　工种：　　　级别：
试题名称：热弯压缩空气支管　　　　　　　　　　　　　　　　　　考核时间：4 h
操作开始时间：　时　　分　　　　　　操作结束时间：　时　　分

序号	考核内容	考核要求	配分	评分标准	实测	得分
1	工作前准备	(1)劳保着装； (2)工具准备	10	(1)劳保着装不符合要求扣 5 分； (2)工具准备不符合要求每项扣 2 分		
2	物料、设施准备	(1)设施、现场整洁，物品摆放有序； (2)选用材料正确，考核准备规范	10	(1)现场脏乱每处扣 1 分； (2)材料选择不合理及准备工作不当，每项扣 4 分		
3	工作内容	煨弯现场布置完善，砂子粒度选择正确，加热温度适当	10	煨弯现场布置不完善，砂子粒度不标准，根据程度扣 1～10 分，加热温度过高扣 5～10 分		
		不得有裂纹、分层过烧等缺陷	15	有裂纹总成绩不合格，分层过烧视其情节扣 1～15 分		
		减薄率不超过 15%	10	减薄率超差 1%扣 2 分，超差 2%扣 4 分，依此类推		
		椭圆率不超过 8%	10	椭圆率超差 2%扣 2 分，超差 4%扣 4 分，依此类推		
		弯曲角度不超过±5°	10	弯曲角度超差 1°扣 2 分，超差 2°扣 4 分，依此类推		
		波浪度不得大于 4 mm	10	波浪度超差 2 mm 扣 4 分，依此类推		
		工时定额 4 h	5	提前不加分，每超过规定时间 5 min 扣 1 分		
4	安全文明生产，工程质量检验	(1)按安全技术操作规范施工； (2)严格按要求自检产品并做好标记	10	(1)每违反 1 次安全技术操作规定扣 5 分； (2)对自检产品每出现 1 次错误扣 5 分		

考评员签名：　　　　　　　　　　被鉴定人签名：　　　　　　　　年　　月　　日

S10　法兰连接热动力式疏水组装

一、考核准备

(一)材料准备

准备疏水器、除污器、焊接钢管,如图所示(单位: mm),图中零件见表。

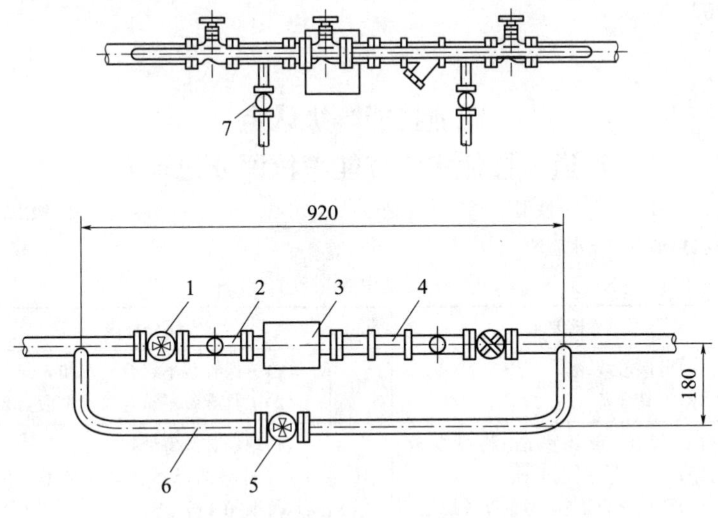

件号	名称	规格	数量	备　注
1	截止阀	DN25	2	PN1.6 MPa
2	短管	DN25	2	焊接钢管
3	疏水器	DN25	1	PN1.6 MPa
4	除污器	DN25	1	—
5	截止阀	DN20	1	PN1.6 MPa
6	焊接钢管	DN20		1.4 m
7	截止阀	DN15	2	PN1.6 MPa

(二)设备、工具准备

准备气焊工具、活扳手、剪子、钢卷尺。

(三)考场准备

考场符合安全技术施工要求。

二、考核内容及要求

(一)考核内容

1. 穿好劳保服装,备齐劳动工具。
2. 施工现场整洁,物品摆放有序,考试准备规范,选用材料正确。
3. 按安全、技术操作规程施工,按要求自检产品并做好标记。
4. 法兰密封面及密封垫应进行外观检查,不得有影响密封性能的缺陷存在。

5. 焊接时，要使管子和法兰端面垂直，其垂直偏差不得超过±2 mm。

6. 法兰连接应保持同轴，螺栓中心偏差不超过孔径的 5%，并保证螺栓自由穿入。

7. 管子插入法兰应使其端部与法兰密封面的距离保持在 1.3～1.5 倍的管壁厚度，允差±2 mm。

8. 应使用同一规格的螺栓，安装方向一致，紧固时应对称均匀进行，松紧适度，紧固后丝扣露出长度等于螺栓直径的 1/2。

(二)考核时限

工时定额 1 h。

职业技能等级认定
管道工技师实作技能考核评分记录表

单位：　　　　姓名：　　　　性别：　　　　准考证号：　　　　　　　　工种：　　　　级别：

试题名称：法兰连接热动力式疏水组装　　　　　　　　　　　　　　　　考核时间：1 h

操作开始时间：　　时　　分　　　　　　　　　　操作结束时间：　　时　　分

序号	考核内容	考核要求	配分	评分标准	实测	得分
1	工作前准备	(1)劳保着装； (2)工具准备	10	(1)劳保着装不符合要求扣 5 分； (2)工具准备不符合要求每项扣 2 分		
2	物料、设施准备	(1)设施、现场整洁，物品摆放有序； (2)选用材料正确，考核准备规范	10	(1)现场脏乱每处扣 1 分； (2)材料选择不合理及准备工作不当，每项扣 4 分		
3	工作内容	法兰密封面及密封垫应进行外观检查，不得有影响密封性能的缺陷存在	10	对法兰密封及密封垫不做外观检查，影响密封，酌情扣 1～10 分		
		焊接时，要使管子和法兰端面垂直，其垂直偏差不得超过±2 mm	10	焊接后作检查，管子和法兰端部垂直偏差超差 1 mm 扣 2 分，超差 2 mm 扣 4 分，依此类推		
		法兰连接应保持同轴，螺栓中心偏差不超过孔径的 5%，并保证螺栓自由穿入	15	螺栓中心偏差超差 1%扣 2 分，超差 2%扣 4 分，依此类推		
		管子插入法兰应使其端部与法兰密封面的距离保持在 1.3～1.5 倍的管壁厚度，允差±2 mm	15	管子插入法兰其端部与法兰密封面的距离超差 1 mm 扣 1 分，超差 2 mm 扣 4 分，依此类推		
		用同一规格的螺栓，安装方向一致，紧固时应对称均匀进行，松紧适度，紧固后丝扣露出长度等于螺栓直径的 1/2	15	螺栓规格、安装方向、紧固程度、紧固后丝扣露出长度不按要求做，酌情扣 1～15 分		
		工时定额 1 h	5	提前不加分，每超过规定时间 2 min 扣 1 分		
4	安全文明生产，工程质量检验	(1)按安全技术操作规范施工； (2)严格按要求自检产品并做好标记	10	(1)每违反 1 次安全技术操作规定扣 5 分； (2)对自检产品每出现 1 次错误扣 5 分		

考评员签名：　　　　　　　　　　　　　　被鉴定人签名：　　　　　　　　　　年　　月　　日

第五部分　高级技师

1. 水箱的作用是什么？它的设置高度如何确定？

答：作用一是贮存，二是稳压，它的放置高度应按最不利处的配水点所需水压计算确定。

2. 国内常用流量测量仪表有哪三种？

答：有速度式流量计、差压式流量计、容积式流量计三种。

3. 常用的铅及其合金管道的焊接方法有哪些？

答：目前常用的是氢-氧焰气焊和氧-乙炔焰气焊两种方法。

4. 铜管焊接常采用什么方法？

答：常采用气焊、钎焊、手工电弧焊、碳弧焊、氩弧焊、埋弧自动焊等。

5. 室内排水系统由哪几个部分组成？

答：由受水器、存水弯、排水支管、排水立管、排出管、通气管、清扫设备等组成。

6. 什么叫载冷剂？

答：载冷剂是把制冷机所产生的冷量传递给被冷却物体的媒介物质。利用载冷剂可将冷量输送到较远的地点。

7. 方形补偿器安装时预拉（预压）的目的是什么？

答：为了使方形补偿器能全部起到作用，充分发挥补偿能力，如果不采取预拉（预压）措施，则方形补偿器的补偿能力仅能发挥一半。

8. 管道焊后进行热处理的目的是什么？

答：为了消除焊接接头的残余应力，防止产生裂纹，改善焊缝和热影响区的金属组织与性能。

9. 方形补偿器的作用原理是什么？

答：当两端固定在支架上的管子受热伸长时，方形补偿器的 U 形管产生变形，而补偿了伸长量，减小了固定支架的推力及管道的热应力。

10. 填料式补偿器的作用是什么?

答:当两端固定的管道产生热变形时,安装在其间的填料式补偿器依靠填料密封的外壳管与导管的相对运动来补偿其热变形。

11. 螺纹连接的管件有哪些?

答:螺纹连接的管件按用途可分为管接头、内外丝、活接头、弯头、三通等。

12. 怎样进行法兰接口连接?

答:法兰接口连接时,两法兰面须平行对正,并与管子轴线垂直,然后垫入 3～5 mm 厚橡胶圈,再将螺栓螺母点上机油,对称上紧螺栓。橡胶圈应无皱纹,薄厚要均匀。

13. 存水弯的作用是什么?

答:利用水封阻止室外排水管道中的有害气体、臭气及害虫类通过卫生器具进入室内。

14. 管道安装应统计哪些主要的辅助材料?

答:主要包括小型支吊架、托盒、法兰阀门连接螺栓、垫片、生胶带、麻、铅油、锯条、焊条、氧气、乙炔气等。

15. 如何进行管材搬运?

答:管材搬运应有专人指挥,搬动大管时不得直接用手搬动,应使用木杠、吊车等,起落动作应协调一致。

16. 编制施工方案着重解决哪些问题?

答:确定施工过程的施工顺序;确定主要施工过程和施工方法,并选择适用的施工机械;确定施工流水组织。

17. 常用黑色金属管道有什么性能?

答:(1)无缝钢管具有强度高,耐热性能好,抗蚀能力强的性能;

(2)焊接管有缝管不能承受高压;

(3)铸铁管耐腐蚀性好,质脆,不抗冲击,加工困难。

18. 焊接接头的组织应力是怎样产生的?

答:在焊接过程中,焊缝金属及热影响区的金相组织都要发生体积的变化。当这种体积的变化受到阻碍时,就会在金属内产生应力。

19. 水锤现象有何危害?

答:由于水锤的产生,使得管道中压力急剧增大至超过正常压力的几倍甚至十几倍,其危害很大,会引起管道的破裂,影响生产和生活。因此必须在闸门突然开关处安装安全装置。

20. 高压管道的特点是什么?

答:高压管道主要特点是:①长期处在高压状态下;②长期受输送介质的腐蚀管内高压介质的渗透力大;③压力波动引起管道经常性振动。

21. 给水管道的试压有何要求?

答:试验压力不应小于 10.6 MPa,饮用水、生产、消防管道的试验压力为工作压力的 1.5 倍,但不得超过 1 MPa。水压试验时,在 10 min 内压力降低不大于 50 kPa,然后将试验压力降至工作压力做外观检查,不漏则合格。

22. 卫生器具安装的一般要求是什么?

答:卫生器具的安装位置正确,安装牢靠,外观美观,密封性好,便于检护、维修,满足使用功能的要求,并不会污染给水管道。

23. 常用的阀门有哪些种类?

答:常用的阀门有闸阀、截止阀、球阀、旋塞阀、节流阀、调节阀、隔膜阀、碟阀、止回阀、安全阀、减压阀、疏水阀等。

24. 怎样用冷调法调直钢管?

答:一英寸以下钢管可在压力钳上一段一段地压直,直径较大钢管要在管上垫上胎具用大锤锤击,边锤边检查直到调直。

25. 热力管道上如何安装偏心异径管?

答:蒸汽管及凝结水管道、偏心异径管的底部应与管底平齐,以利于排水;热水采暖管道的供水管道、偏心异径管的上部应与管顶半齐。

26. 法兰有哪几种? 如何选择?

答:法兰有气体管道、液体管道、真空管道及易燃易爆具有毒性和刺激介质管道法兰,选择与设备或阀件相连接的法兰时,应按设备或阀件的公称压力来选择。

27. 常用的弯头按制作方法和形式可分为哪些?

答:常用的弯头按制作方法可分为冷弯弯头、热弯弯头、折皱弯头、焊接弯头和压制弯头。从形式上可分为各种角度的弯头、U 形管、来回弯和弧形弯管等。

28. 消防用水有什么特殊要求?

答:消防用水是指消防系统的消防设备用水,保证消防时供水充足、不断水。其水质没有什么特殊要求,城市消防用水大都取自城市给水系统,很少单独设置。

29. 焊接熔池的凝缩应力产生的原因是什么?

答:焊接熔池在凝固和冷却过程中,体积要发生收缩,但这种收缩受到了原来未被加热部分金属的约束,这样在焊件中就产生了应力和应变。

30. 简述速度式流量计的原理。

答:利用被测介质通过管道时的流速使流量计的叶轮转动,叶轮转动与流速有一定的关系,流速与流量又有一定的关系,因此只要测得叶轮的转数就能得到相应的流量。

31. 压力管在紊流状态下沿程阻力 h 与哪些因素有关?

答:沿程阻力 h 与管子内径 d、液体密度 ρ、液体动力黏度 μ、液体平均流速 v、管长 L、管子内壁平均粗糙度 Δ 有关。

注:如答案中提到与液体动力黏度 μ 有关,则可省去上述答案中的密度 ρ 这一项。

32. 简述室内排水管的安装顺序。

答:一般是先装排出管,再装排水立管和排水横支管,最后安装卫生器具。排水铸铁管的承口应迎水流方向安装。

33. 锅炉本体管束胀接的安装程序是什么?

答:锅炉本体管束的安装有焊接和胀接两种方式,胀接的安装程序如下:①管子检查、校正、吹扫、清理、通球试验;②管端退火;③管端、管孔清理;④管子管孔选配,确定胀管率;⑤挂管;⑥翻边复胀;⑦通球试验。

34. 简述压缩制冷系统的几种主要设备和附属装置。

答:压缩式制冷设备主要有制冷压缩机、冷凝器、蒸发器、贮液器、油分离器、气液分离器、集油器、氨浮球调节阀、其他附属装置。压缩制冷系统中,附属装置较多,如空气分离器、紧急泄氨器、气液热交换器、过滤干燥器、热力膨胀阀、电磁阀。

35. 单位工程施工组织设计的内容有哪些?

答: ①工程概况及施工特点。②施工进度计划。③施工准备计划。④劳动力、材料、构件、施工机械和工具等需要量计划。⑤施工平面图。⑥保证质量、安全、降低成本和冬雨季施工的技术组织措施。⑦各项技术经济指标及结束语。

36. 说明常用补偿器的主要特点。

答:方形补偿器的特点是坚固耐用、工作可靠、不需维修、可以现场制作,但占地面积较大。波形补偿器可适用于大口径管道,占地面积小,但补偿能力小,制作复杂。套式补偿器体积小,流体阻力小,补偿能力大,但轴向推力大,易产生泄漏。

37. 如何防止管道焊接变形?

答:采取合理的焊接工艺,管道焊接时,尽可能采取焊道与焊道之间隔焊、逆向分段焊、对称焊、多层焊等;采取反变形法;采取散热法,对焊缝区通以冷却介质降低或控制焊缝区的温度;采取焊后热处理法。

38. 管道铺设分为哪几种型式?

答:管道铺设分为埋设、暗设和明设三种,埋设指管顶上部盖土;暗设指装在管沟中,沟面设有盖板;明设指管道安装于地面或管架上。

39. 如何使用丝锥纹制内螺纹?

答:纹制内螺纹时,先用手钻或机钻钻成近螺纹内径的孔眼,此孔叫作螺纹底孔。孔钻好后,先用头锥插进孔眼,再转动螺纹扳手纹制螺纹,并逐步转动前进,然后用二锥三锥纹成完全的螺纹。

40. 塑料管道按主要成分可分为哪几类?

答:可分为聚氯乙烯(PVC)管道、聚乙烯(PE)管道、聚丙烯(PP)管道、酚醛塑料管、ABS管道。

41. 无损探伤主要有哪几种?适用范围如何?

答:主要有磁力、荧光、涡流、着色、射线和超声波等几种。磁力、荧光、涡流、着色等方法适用于检验材料表面及近表缺陷,超声波适用于检验较深部位的缺陷,射线和超声波常用来检验焊接接头的内部缺陷。

42. 手动阀门如何进行关闭?

答:(1)手动阀门是按照普通人的手力来设计的,不能用长杠杆或长扳手来扳动。

(2)启动阀门,用力应该平稳,不可冲击。

(3)当阀门全开后,应将手轮倒转少许,使螺纹之间严紧。

(4)操作时,如发现操作过于费劲,应分析原因。若填料太紧,可适当放松。

43. 如何检查铸铁管?

答:铸铁管使用前要检查管子是否有裂纹,当肉眼观察不出时,要用手锤敲击听声音来辨别，有裂纹的管子会发出嘶哑的响声，无嗡嗡的金属清脆声音。

44. 自动消防系统有哪几种类型？湿式喷水灭火系统由哪几部分组成？一个报警阀允许控制多少个喷淋头？

答：(1)自动消防系统有湿式喷水灭火系统、干式喷水灭火系统、预作用喷水灭火系统、雨淋喷水灭火系统、水幕系统。

(2)湿式喷水灭火系统由湿式报警装置、闭式喷头和管道组成。

(3)一个报警阀允许控制喷淋头不宜超过 800 个。

45. 管子与管件在使用前的外观检查，其表面的质量要求有哪些？

答：①无裂纹、缩孔、夹渣、折叠、重皮等缺陷；②不超过壁厚负偏差的锈蚀或凹陷；③螺纹密封面良好，精度及粗糙度应达到设计要求或制造标准；④合金钢应有材质标志。

46. 简述不锈钢管的施工要点。

答：首先弄清材质种类，并按规定进行检查，再确定加工和安装工艺。因不锈钢的切割和加工较困难，下料加工一定要仔细，在装配时应尽量减少固定焊口，力求做到预制装配化。

47. 补偿器如何分类？

答：根据作用类型分：①位移补偿器；②角度补偿器。

根据材料类型分：①金属补偿器；②橡胶补偿器；③聚四氟乙烯补偿器。

根据结构类型分：①波纹式补偿器；②伸缩节补偿器；③旋转节补偿器；④缠绕式补偿器。

根据工作温度范围分：①常温补偿器；②高温补偿器；③低温补偿器。

48. 铅管有何性能？

答：铅管的耐蚀性能好，有良好的可焊性和加工性，但熔点低，高温性能差，密度大，强度低，承压能力差。当工作温度高于 140 ℃时，就不宜在压力下使用。

49. 热力学第一定律数学表达式 $q=W+\Delta U$ 表达的是什么内容？式中符号各代表什么？

答：表达的是加给工质的热量等于工质内能的变化和对外做功之和。式中：

q：外界加给工质的热量，J/kg；

W：工质所做的功，J/kg；

ΔU：工质内能的变化量，J/kg。

50. 简述水箱的作用。

答：水箱有两个作用，一是贮水，如设置屋顶水箱作为外管网水压不足时的供水；二是稳定水压，如设有淋浴器时需要使冷热水水压一致，易于调节。

51. 简述低合金钢管道的施工要点。

答：首先核对材料的材质，根据其特性选择合适的加工和安装工艺，因低合金钢淬硬倾向大，在组对点焊和焊接前要按规定温度预热，焊后还应采取措施防止产生脆硬现象和裂纹，再按规定进行热处理以消除残余应力和淬硬组织。

52. 酸洗有哪几种操作方法？

答：①槽式涂擦法；②蘸液涂擦法；③电解法。

53. 什么是汽蚀现象？

答：离心泵叶轮入口处的压力低于工作水温下的饱和压力，一部分液体会蒸发（汽化），蒸发后的气泡进入压力较高的区域时，受压突然凝结，于是四周液体就向此处补充，造成水力冲击，这种现象称为汽蚀现象。

54. 如何防止汽蚀现象发生？

答：通流部分断面变化率力求小，壁面力求光滑；吸水管的阻力尽量要小，长度要尽量短和直；正确选择泵的吸入高度；泵内汽蚀区域贴补环氧树脂涂料。

55. 哪些管道需要脱脂？常用脱脂剂有哪些？

答：输送的介质遇油脂会引起反应或爆炸危险的管道（如氧气管道等）需要脱脂。常用的脱脂剂有工业用四氟化碳、粗馏酒精、工业用三氯乙烷、浓硝酸等。

56. 确定单位工程施工起点流向时，一般应考虑哪些因素？

答：①车间的生产工艺流程，往往是确定施工流向的关键因素。②建设单位对生产和使用的需要。③工程的繁简程度和施工过程之间的相互关系。④房屋高低层和高低跨。⑤工程现场条件和施工方案。⑥分部分项工程的特点及其相互关系。

57. 对保温材料有何要求？

答：①热传导系数小。②空隙率大。③容重轻。④温度变化或机械振动时不致损坏。⑤吸水性差。⑥材料来源广、价格低。

58. 如何识读管道布置图？

答：以平面图为主，配合剖视和带控制点的流程图，首先了解厂房构造及尺寸，然后弄清设备的编号、名称、定位尺寸、接管方位及标高，再弄清管路的走向、编号、规格、平面定位尺寸、标高及阀门、管件等的位置。

59. 怎样用錾切法切断铸铁管？

答：在管子的切断线下两侧垫上木方，转动管子用錾子沿切断线錾切一二圈，刻出线沟，然后沿线沟用力敲打，管子即可折断。錾切时操作者要站在管子侧面，大口径管可二人操作，一人打锤一人掌剁斧。

60. 简述高层建筑给水方式。

答：(1)高位水箱给水方式。其又分为并联给水方式、串联给水方式、减压水箱给水方式和减压阀给水方式。

(2)气压水箱给水方式。其又分为气压水箱并列给水方式和气压水箱间压给水方式。

(3)无水箱给水方式。

61. 如何进行水表安装？

答：①安装水表前，应先除去管道中的污物。②水表规格应与管道流量相适应。③水表应装在查看方便、不受暴晒、不受损害的地方。④注意水表的方向性。⑤字盘表水平或垂直安装，应按产品说明书进行。⑥为使计量准确，表前应有大于 10 倍表径的直管段。

62. 简述弹簧式安全阀的结构和作用原理。

答：弹簧式安全阀主要由阀体、阀座、阀盘、阀盖、弹簧、阀杆、导向套、调压螺栓、锁螺母等组成，类似于角式截止阀。其作用原理是通过弹簧的弹力来抵压阀盘，使之与阀座密封面密合，当介质压力高于弹簧压力时，弹簧被压缩，介质自行排出，当介质压力降到与弹簧压力相等时，密封面又重新开始密合，从而起到防止设备或管道超压，保证安全的作用。

63. 止回阀分哪几种？其作用原理是什么？

答：止回阀又称止逆阀、单向阀。按结构特点分升降式和旋启式两种。升降式又有立式和卧式之分，旋启式有单瓣、双瓣之分。卧式升降式和旋启式用于水平管道，立式升降式作用于垂直管道上。止回阀的作用原理是当流体顺向流入时，依靠流体本身的压力，截断通路，阻止逆流。

64. 室外给水系统的设备、附件和附属构筑物有哪些？

答：室外给水系统的设备、附件和附属构筑物有消防水泵接合器、消火栓、排气阀、阀门、水表、管道支墩、水池等。

65. 铅接口铸铁管漏水如何处理？

答：(1)接口发生渗漏用铅凿捻打数遍，使接口密实。

(2)管道发现砂眼等串水孔后，一般以钻孔攻丝加塞头堵孔的办法，当锈蚀穿孔的孔形不规则、孔眼过大，可用螺栓卡子堵水。

(3)当管有横向裂缝时,可两端做刚性填料的二合式管箍处理。

(4)当管身发生严重破裂,要切除破管部位,更换新管。

66. 水道工作业中巡检定检应注意哪些事项?

答:(1)水道设备定检、巡检,按规定项目进行,不得无故串动,两天以上由领工员决定。

(2)巡检定检水源设备时,必须由两人进行,一人监护,严禁两人同时下井,按规程检查。

(3)巡检定检水塔、水槽、水鹤等设备时,禁止二人同时攀登,必须有人监护。

(4)跨越线路时要"一站、二看、三通过",不得在线路中心和轨枕头上行走。

(5)检查水井时,要确认井内无有害气体方可下井,必须有人监护,巡检定检发现问题及时处理,并做好记录。

67. 对管道设备进行定期巡视时,要注意哪些?

答:巡视时,应注意有无新建构筑物压、建在管线、消火栓井及阀门井室上,防止在管路及附件井上堆放重物;对其他施工工地,更要加强巡视,防止既有管道被施工机械挖断、挖空或被压、占;管道防寒覆土层有无减少等威胁管道安全的情况发生。此外,还要注意各井盖、水道标志有无损失、丢失,如有上述情况,应及时通知工区及时配补,以免伤人。

68. 用地面检漏法查找管路漏水时,具体观察方法有哪些?

答:(1)扬水管漏水可从水泵的压力表反映出来,管道水压突然下降,电流表值不正常或增大,可分析为扬水管断裂漏水;

(2)路面上有清水渗出,扫清后再仔细观察;

(3)下水道中有清水流出;

(4)路面坍塌或下沉、松动裂缝,天晴时潮湿不干;

(5)靠近河道的管线,应查看河岸边是否有清水流出,土宽有否下塌。

69. 水塔检修时应注意哪些?

答:(1)水塔铁梯应有坚固的防护栏杆。禁止二人同时从水塔铁梯上下,须等先上的人至塔顶(或中间休息平台)或先下的人降到地面(或中间休息平台)后,另一人方可上下。修理水塔上部时,应避免在大风、雨、雪及冰冻时进行。

(2)从地面至塔顶传送工具、材料时,须用工具袋或笼筐吊上、系下,严禁抛掷。传送工具、材料起吊后,塔下工作人员应离开可能落下的地点,以防打伤。进入场地人员,必须戴好安全帽。

70. 室外给水管道的安装过程是什么?

答:室外给水管道安装施工过程为:准备工作—管沟开挖—材料检验—下管—排管—管道连接—消火栓—阀门—水表安装—水压试验—冲洗消毒—管沟回填。

71. 局部散热器不热的故障原因有哪些?

答:故障原因可能是:①管道堵塞;②阀门失灵;③系统排气装置安装位置不当或集气缸集气太多造成气塞;④系统的供回水管接反;⑤干管敷设坡度不够,倒坡或坡度不均匀。

72. 简述水箱的作用及设置要求。

答:水箱的作用一是贮水,二是稳压。

水箱的设置要求有:①设置高度应按最不利处的配水点所需水压计算确定。②水箱应设置在便于维护,光线及通风良好且不冻结的地方,并应加盖以防污染。③水箱与墙面净距不得小于0.7 m,有浮球阀的一侧不得小于1.0 m,水箱顶至建筑结构最低点净距不得小于0.6 m。④钢板水箱应做好内外的防腐工作,其四周应有不小于0.7 m的检修通道。

73. 热水管道的安装需注意什么?

答:(1)热水管道一般为明装,如建筑或工艺有特殊要求,则可安装,但必须考虑安装及检修的方便。

(2)热水管道穿过建筑物顶棚、楼板、墙壁和基础处,均应加钢套管。

(3)膨胀管上不得安装阀门。

74. 消火栓的布置应符合哪些要求?

答:①应保证要求的水柱股数同时到达室内任何部分。②室内消火栓的最大间距不应超过50 m。③室内消火栓分设于建筑物各层中,一般在靠近房间出口的内侧、楼梯口的平台上、门厅内、走廊与走道内明显取用的地方。④消火栓栓口应朝外,阀门中心距地面1.1 m。⑤超过五层的民用建筑和超过四层的库房,在每个消火栓处应设有远距离启动消防水泵的按钮,在房顶上设置试验和检查用的消火栓。

75. 烘炉和煮炉的目的是什么?

答:烘炉的目的是将炉墙中的水分慢慢烘干,以免在锅炉运行时因炉墙内的水分急剧蒸发而出现裂缝。煮炉的目的在于清除锅炉内的锈蚀和污垢。

锅炉在烘炉前应具备下列条件:①锅炉及其附属装置全部安装完毕,水压试验合格。②炉墙和绝热工作已结束,并经过自然干燥。③烘炉需用的各附属设备试运转完毕,能随时运行。④热工和电气仪表已安装、校验和调试完毕,性能良好。⑤炉墙上的测温点和取样点,锅筒上的膨胀指示器已设置好。⑥做好各项临时设施,有足够的燃料,必要的工具、材料、备品和安全用品等。

76. 试述室外热力管道平面布置方式及特点。

答:室外热力管道平面布置形式主要有树枝状和环状两种。树枝状热力管道是从主干管向各热点呈树枝状分布供热,其结构比较简单,造价较低,运行管理方便,但如果局部发生故障,将影响故障地点以后所有用户的供热。环状热力管道主干管呈环形,从主干管向各用户供热,供热可靠性高,但工程造价高,适用于供热要求严格的工业企业。

77. 试述热水供暖系统下分式系统干管的布置原则。

答:建筑物有地下室时,敷设在地下室内;无地下室,暗装时敷设在地沟内;明装时沿墙敷设在散热器下面。明装管道过门时,或者从门下砌筑小地沟,或者从门上绕过,过门装置的低处应装泄水装置,高处安装放气装置。

78. 试述热水供暖系统干管敷设要求。

答:①注意坡度和坡向应有利于管道排气和放水,应向集气罐有上升坡度,向泄水处有下降坡度,坡度一般为 3‰,不得小于 2‰。②注意管道的热胀冷缩性能,设置好补偿器。管道穿墙应加套管,套管两端应与饰面相平。③管径小于 32 mm 的宜用螺纹连接,管径大于 32 mm 的宜采用焊接或法兰连接。

79. 什么叫制冷？人工制冷有哪几种方法?

答:制冷就是将某空间及物体的温度降低到周围环境介质的温度以下,并维持这个低温的过程。为了达到这一目的,就必须不断地从该物体中取出热量,并转移到周围介质中去,这个过程称为制冷。人工制冷的方法很多,有利用物质融化、汽化、升华等相态变化时的吸热效应;有利用气体膨胀产生冷效应实现制冷;还可利用半导体的温差电效应实现制冷。

80. 管道工程中常用的补偿器主要类型有哪些？试述管道系统设置补偿装置的目的。

答:管道工程中常用的补偿器主要有自然补偿器、波形补偿器、方形补偿器、U 形补偿器、填料式补偿器和球形补偿器等类型。管道系统设置补偿装置的目的是为了减少并释放管道受热膨胀时所产生的应力,保证管道在热状态下的稳定和安全运行。

81. 编制单位工程施工组织设计的依据有哪些?

答:主要依据有:①主管部门的指示文件及建设单位的要求。②施工图样及设计单位对施工的要求。③施工企业年度生产计划对该工程的安排和规定的有关指标。④施工组织总设计或大纲对该工程的有关规定和安排。⑤资源配备情况。⑥建设单位可能提供的条件和水、电供应情况。⑦施工现场条件和勘察资料。⑧预算或标价文件和国家规范等资料。

82. 编制单位工程施工进度计划,主要依据哪些资料?

答:①经过审批的建筑总平面图、地形图、单位工程施工图、设备及其基础图、采用的标准图集及技术资料。②施工组织总设计对本单位工程的有关规定。③施工工期要求及竣工日期。④施工条件:劳动力、材料、构件机械的供应条件,分包单位的情况等。⑤主要分部分项工程的施工方案。⑥动定额及机械台班定额。⑦其他有关要求和资料。

83. 单位工程施工平向图的设计内容有哪些?

答:①建筑物总平面图,已建和拟建的地上地下的一切房屋、构筑物,以及道路和各种管线等其他设施的位置和尺寸。②测量放线标桩位置、地形等高线和土方取充地点。③自行式起重机开行路线、轨道布置和固定式垂直运输设备位置。④各种加工厂、搅拌站位置;材料、半成品、构件及工业设备等的仓库和堆场。⑤生产和生活性福利设施的布置。⑥场内道路的布置,准备引入的铁路、公路和航道位置。⑦临时给排水管线、供电线路、蒸汽及压缩空气等布置。⑧一切安全及防火设施的位置。

84. 如何识读采暖施工图?

答:首先清楚采暖供热方式,采暖工程的组成部分,采暖建筑设施的大体情况,采暖管道的布置、走向和敷设安装方式。然后弄通平面图和系统图,清楚管道的基本尺寸、标高、热媒引入管和回水管的位置及走向,散热器的安装结构、型式型号及组合情况,各种配件的安装位置等,再弄通节点图或大样图及标准图,弄清各种附件、管件的安装,管托、卡、架的制作与安装,管道的连接方法等。最后阅读文字说明或附注交代的技术条件和刷油、保温等其他施工要求。

85. 锅炉泄漏主要指哪些设备? 产生泄漏的原因是什么?

答:锅炉泄漏主要是指锅炉受热面、过热器、空气预热器、省煤器等设备、管子和锅炉汽水系统管道漏水、漏汽的现象。产生泄漏的原因,除了由于设备、管道系统安装质量不符合规定要求外,设备、管道在使用期间腐蚀严重也是引起泄漏的原因。而引起锅炉汽水系统管道漏水、漏汽的另一个主要原因就是管道、设备内部产生水击。

86. 简述波形补偿器的安装要求。

答:波形补偿器在安装前应检查其尺寸是否符合设计要求,表面不得有裂纹、凹凸、轧痕、折皱等缺陷,并按设计规定的压力进行强度试验合格;待接管道全部固定后,留出补偿器的位置并按图纸规定计算伸缩量和预留尺寸;安装时应置于管道中心位置,不得偏斜,并按图纸规定的数值进行预拉或预压;吊装时,不得将绳索扎在波节上,不得将支撑件焊在波节上;安装时注意内衬套筒与外壳焊接的一端应朝向坡度的上方或为介质的流向;水平安装时,应在每个波节的下方安装排水阀。

87. 氧气、煤气、乙炔、石油等管道为什么要接地?

答:介质中的电解质相互摩擦或与金属摩擦时,如粉尘、气、液体电解质沿管道流动,以及从管道中抽出或注入容器时,将产生静电电荷,它产生的火花或引起易爆介质燃烧或爆炸形成危险,以上介质正是易燃物质,为防止火灾和爆炸,所以要采取接地措施,消除静电电荷。

88. 压缩空气管道安装的特殊要求是什么?

答:①多段压缩机每段进出口管材要适应压力要求,防止错用;②接支管时,须从主管的上部接三通，干管应有顺流方向的坡度；③管内必须干净，不得有切屑、熔渣残余物或其他脏物；④管道最低点应设油水分离器或其他排放装置，车间内应根据需要和情况设置控制阀、减压装置、流量计、油水分离器、配气器等。

89. 氢气管道安装的特殊要求是什么？

答：氢气属于可燃气体，在管道安装时应注意防火、防爆，管道安装除应具备氧气管道安装的特殊要求外，还应满足下列要求：①在制氢站和车间内只允许架空敷设，不允许地沟或直埋敷设；②厂区室外一般采用架空或直埋敷设，不允许采用地沟敷设；③在管网的最高点应设氮气吹扫器和放散管，在通向大气的放散管上应设防火器；④氢气管道均采用无缝钢管，除与设备连接采用法兰外，其余均采用焊接，取样、分析和仪表的旋塞、阀门等不得采用铜及铜合金。

90. 简述管道敷设顺序。

答：管道敷设的顺序一般是先装地下，后装地上；先装大管道，后装小管道；先装支吊架，后装管道；先装干管，后装支管；先装高空管道，后装低空管道；先装金属管道，后装非金属管道；先装靠建筑物管道，后装外面管道。

91. 输油管道安装的特殊要求是什么？

答：①要求有较高的严密性，除与设备、阀门及其他附件连接处采用法兰、螺纹连接外，其余均需焊接；②重油管道应设置蒸汽或热水扫线管，并在连接处采取防止油品窜入扫线管的措施；③敷设时要有坡向排放点的坡度；④一般应采取伴热、保温措施；⑤安装时应装设补偿器，同时要满足通球清扫的要求，沿线还应有可靠的接地。

92. 论述热水采暖系统运行调节时采用的调节方式。

答：热水采暖系统运行调节是根据室外气候条件的变化而改变供热量。运行调节分为集中调节和局部调节两种方式。每种方式都可用手动或自动的方法来实现。所谓集中调节，就是调节从锅炉出来的热煤流量和温度以改变送出的总热量。而局部调节是利用单组散热支管上的阀门改变热煤流量，以调节其散热量。由于同一建筑物不同房间的耗热量受外界气候条件变化的影响不同，因此单靠集中调节不能同时满足各个房间的要求；反之，如果没有集中调节，只有局部调节，则由于各房间的实际需热量与锅炉房的供热不能及时平衡，将造成燃料的浪费。因此单独使用某种调节方式不能收到全面的良好效果，应将局部和集中两种调节方式互相结合起来进行调节。

93. 伸缩器分为哪几类？

答：伸缩器按照补偿方式的不同，分为自然伸缩器和人工伸缩器。管道系统设置伸缩器时，首先应考虑利用管道本身结构上的弯曲部分的补偿作用，即自然伸缩器（Z 形、L 形），再考虑人工伸缩器。常用的人工伸缩器有方形伸缩器、波纹管伸缩器、填料套筒式伸缩器和球形伸缩器 4 种。

94. 管道埋设深度一般有哪些要求?

答:(1)非冰冻地区的管道埋深,主要由外部负荷载、管材强度及管道交叉等因素决定,一般不小于 0.7 m。

(2)冰冻地区管道的管顶埋深除决定于上述因素外,还要考虑土壤的冰冻深度。埋设深度的确定应通过管道热力计算,一般应距冻结深度以下 0.2 m。

(3)为保证非金属管管体不因动荷载的冲击破坏而降低强度,其管顶覆土深度不应少于 1.0~1.2 m。

95. 对新阀门解体进行检查时,质量应符合哪些要求?

答:①阀座与阀体结合牢固;②阀芯与阀座、阀盖与阀体的结合良好,并无缺陷;③阀杆与阀芯的连接灵活、可靠;④阀杆无弯曲、锈蚀,阀杆与填料压盖配合适度;⑤垫片、填料、螺栓等齐全,无缺陷。

96. PPR 框架结构提料。

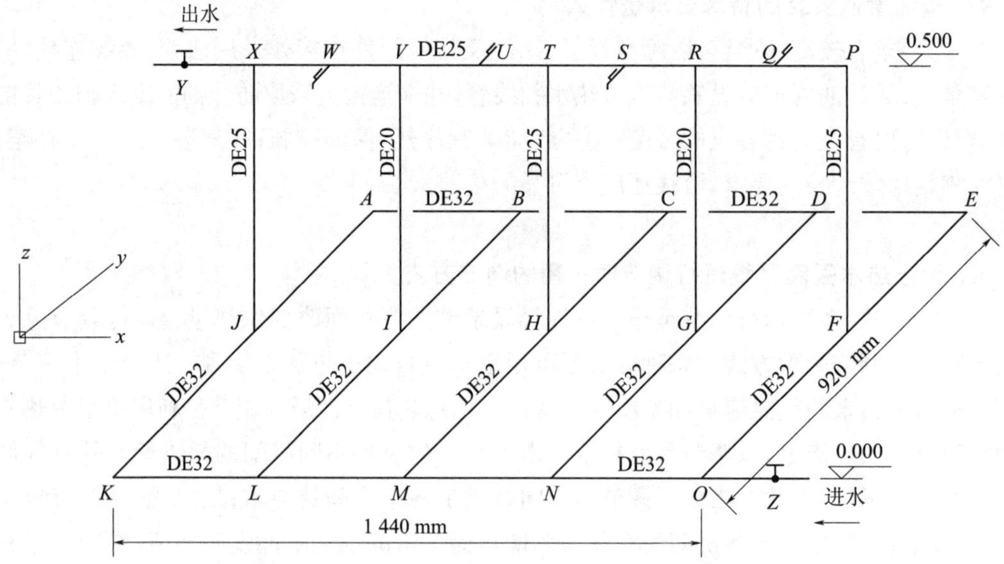

注:(1)水平尺寸标注为管中心到中心;
(2)$KL=LM=MN=NO=360$ mm;$AJ=JK=460$ mm;$XY=OZ=80$ mm。

答:DE32PPR 管 8.4 m、DE25PPR 管 3.2 m、DE32PPR 弯头 3 个、DE32 三通 7 个、DE32PPR 阀门 1 个、DE25PPR 阀门 1 个、DE32×20 外直接 1 个、DE32×25 三通 3 个、DE25×20 三通 2 个、DE25 弯头 1 个、DE25 三通 1 个、DE25 内丝三通 4 个、DN20 水龙头 4 个。

97. 论述锅炉缺水的原因。锅炉缺水有哪几种情况？

答：原因(1)运行人员疏忽大意，对水位监视不严或误操作。

(2)给水自动调节器动作失灵。

(3)水位表指示不正确，有以下几种情况：①水位表的水连管及汽管阻塞时，会引起水位表内的水位上升，如汽连管阻塞，则水位上升极快，如水连管阻塞，则水位逐渐上升；②如水位表的放水旋塞漏水，将引起水位表内水位降低；③水位表有不严之处；④给水设备发生故障供不了水；⑤锅炉排污阀关不住或未关严，甚至在排污后未关排污阀；⑥炉管或省煤器管破裂。

锅炉缺水分两种情况：①轻微缺水，水位在玻璃管(板)内。②严重缺水，在采用"叫水"方法后，水位仍不能在玻璃管(板)内出现。

98. 对比热水采暖，蒸汽采暖有何优缺点？

答：蒸汽采暖优点是采暖设备费用低、热效率高，可利用工厂废气作为热介质，适宜于间歇供热的场所。其缺点是散热器表面温度高，易发生烫伤事故，且有难闻气味，室内温差大，且室内空气干燥，使人有不舒服的感觉，由于蒸汽采暖是间歇式，因而采暖管线与设备经常处于蒸汽和空气交换状态中，导致管线设备使用寿命较热水采暖的短。

99. 锅炉汽包上的安全阀定压有何要求？

答：定压前应对汽包上的安全阀做单独的水压试验，检查其严密性及灵活程度。在开启压力的位置上画上记号，作为定压调整时的参考。定压时锅炉火不宜太大，升压要缓慢，压力应稳定。当汽包内的压力升到接近开启压力时，打开所有的炉门，以确保升压缓慢。当压力升至开启压力时，安全阀应及时开启；压力略降低于开启压力时，安全阀应自动关闭，每个安全阀经过这样三次校正无误后才算合格。

100. 管工高处作业应注意哪些安全事项？

答：在 2 m 以上高处作业的人员必须经过身体检查和受过一定的训练；必须仔细检查和使用安全器械；脚手架、跳板、梯子等必须牢固可靠；梯子竖立角度不得大于 60°和小于 35°；高处作业的工具零件应妥善放置，只可上下传递不可抛丢；吊装绳索必须绑扎牢固；管子吊上管架后应及时上管卡，不许浮放在管架上。

S1　热煨制压力表弯

一、考核准备

(一)材料准备

准备 DN15 水煤气管,如图所示(单位 : mm)。

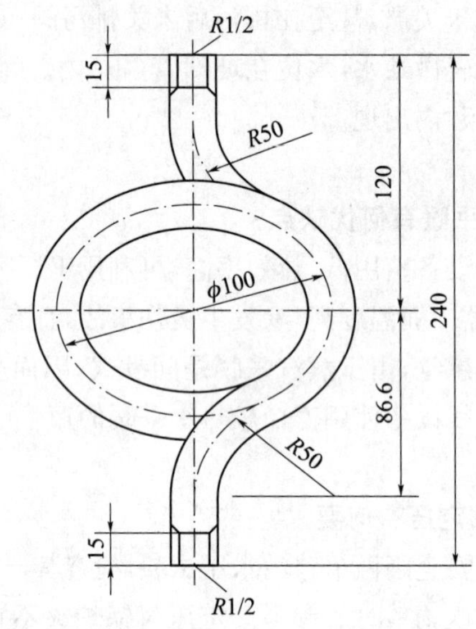

(二)设备、工具准备

准备气焊工具、模具、铰板、手锯、钢卷尺。

(三)考场准备

考场符合安全技术施工要求。

二、考核内容及要求

(一)考核内容

1. 穿好劳保服装,备齐劳动工具。
2. 设施、现场整洁,物品摆放有序,考试准备规范,选用材料正确。
3. 按安全技术操作规范施工,按技术要求自检产品并做好标记。
4. 下料长度允许偏差±5 mm。
5. 两管垂直偏差不得大于 3 mm。
6. 直径偏差允许±2 mm。
7. 螺纹要求光滑无毛刺,不完整螺纹全长累计不应大于 1/3 圈。
8. 椭圆率不得超过 8%,纵焊缝布置应正确。

(二)考核时限

工时定额 1 h。

职业技能等级认定
管道工高级技师实作技能考核评分记录表

单位：　　　　姓名：　　　　性别：　　　　准考证号：　　　　　　　工种：　　　　级别：

试题名称：热煨制压力表弯　　　　　　　　　　　　　　　　　　　　考核时间：1 h

操作开始时间：　　时　　分　　　　　　　　操作结束时间：　　时　　分

序号	考核内容	考核要求	配分	评分标准	实测	得分
1	工作前准备	(1)劳保着装； (2)工具准备	10	(1)劳保着装不符合要求扣5分； (2)工具准备不符合要求每项扣2分		
2	物料、设施准备	(1)设施、现场整洁，物品摆放有序； (2)选用材料正确，考核准备规范	10	(1)现场脏乱每处扣1分； (2)材料选择不合理及准备工作不当，每项扣4分		
3	工作内容	下料长度允许偏差±5 mm	20	下料长度超差1 mm扣2分，超差2 mm扣4分，依此类推		
		两管垂直偏差不得大于3 mm	15	两管垂直偏差超差1 mm扣2分，超差2 mm扣4分，依此类推		
		直径偏差允许±2 mm	10	直径偏差超差1 mm扣2分，超差2 mm扣4分，依此类推		
		螺纹要求光滑无毛刺，不完整螺纹全长累计不应大于1/3圈	10	螺纹不光滑有毛刺，视其情节扣1～10分，不完整螺纹大于1/3圈，视其情节扣1～10分		
		椭圆率不得超过8%，纵焊缝布置应正确	10	椭圆率超差1%扣2分，超差2%扣4分，依此类推；纵焊缝布置不正确出现裂纹，总成绩不及格		
		工时定额1 h	5	提前不加分，每超过2 min扣1分		
4	安全文明生产，工程质量检验	(1)按安全技术操作规范施工； (2)严格按要求自检产品并做好标记	10	(1)每违反1次安全技术操作规定扣5分； (2)对自检产品每出现1次错误扣5分		

考评员签名：　　　　　　　　　　　　被鉴定人签名：　　　　　　　　　　年　　月　　日

S2　给排水管道安装

一、考核准备

(一)材料准备

准备给排水管件管材、卫生器具，如图所示(单位：mm)。

(二)设备、工具准备

准备手锯、管钳、钢卷尺、铰板、管子台虎钳、手锤。

(三)考场准备

考场符合安全技术施工要求。

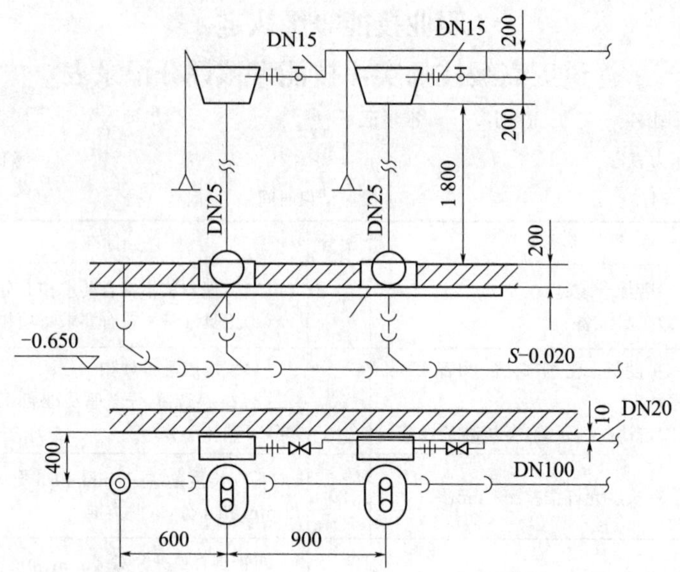

二、考核内容及要求

(一)考核内容

1. 穿好劳保服装,备齐劳动工具。
2. 设施、现场整洁,物品摆放有序,考试准备规范,选用材料正确。
3. 按安全技术操作规范施工,按技术要求自检产品并做好标记。
4. 卫生器具的安装,如用木螺栓固定,预埋木砖须做防腐处理,并应凹进样面 10 mm。
5. 位置应正确,允许偏差 5 mm。
6. 安装应平直,垂直度的允许偏差不得超过 3 mm,安装高度允许偏差±5 mm。
7. 排水管道坡度允许偏差±5 mm。
8. 给水管做水压试验,排水做灌水试验。

(二)考核时限

工时定额 2 h。

职业技能等级认定
管道工高级技师实作技能考核评分记录表

单位：　　　　姓名：　　　　性别：　　　　准考证号：　　　　　　工种：　　　　级别：

试题名称:给排水管道安装　　　　　　　　　　　　　　　　考核时间:2 h

操作开始时间：　时　　分　　　　　　操作结束时间：　时　　分

序号	考核内容	考核要求	配分	评分标准	实测	得分
1	工作前准备	(1)劳保着装; (2)工具准备	10	(1)劳保着装不符合要求扣 5 分; (2)工具准备不符合要求每项扣 2 分		
2	物料、设施准备	(1)设施、现场整洁,物品摆放有序; (2)选用材料正确,考核准备规范	10	(1)现场脏乱每处扣 1 分; (2)材料选择不合理及准备工作不当,每项扣 4 分		

续表

序号	考核内容	考核要求	配分	评分标准	实测	得分
3	工作内容	卫生器具的安装如用木螺栓固定，预埋木砖须做防腐处理，并应凹进样面 10 mm	10	预埋木砖凹进样面超差 2 mm 扣 2 分，超差 4 mm 扣 4 分，依此类推		
		位置应正确，允许偏差 5 mm	15	两管垂直偏差超差 1 mm 扣 2 分，超差 2 mm 扣 4 分，依此类推		
		安装应平直，垂直度的允许偏差不得超过 3 mm，安装高度允许偏差 ±5 mm	20	垂直度超差 1 mm 扣 2 分，超差 2 mm 扣 4 分，依此类推；高度超差 1 mm 扣 2 分，超差 2 mm 扣 4 分，依此类推		
		排水管道坡度允许偏差 ±5 mm	10	坡度超差 2 mm 扣 2 分，超差 4 mm 扣 4 分，依此类推		
		给水管做水压试验，排水做灌水试验	10	水压试验无渗漏为合格，灌水试验畅通不渗为合格		
		工时定额 2 h	5	提前不加分，每超过 5 min 扣 1 分		
4	安全文明生产，工程质量检验	(1)按安全技术操作规范施工； (2)严格按要求自检产品并做好标记	10	(1)每违反 1 次安全技术操作规定扣 5 分； (2)对自检产品每出现 1 次错误扣 5 分		

考评员签名：　　　　　　　　　　被鉴定人签名：　　　　　　　　　　年　　月　　日

S3　焊制同心异径管

一、考核准备

(一)材料准备

准备 ϕ159 mm×4.5 mm 无缝钢管，如图所示(单位：mm)。

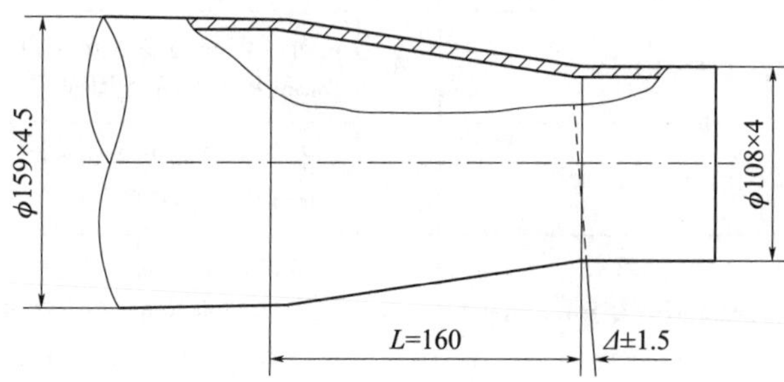

(二)设备、工具准备

准备气焊工具、钢卷尺、手锤。

(三)考场准备

考场符合安全技术施工要求。

二、考核内容及要求

(一)考核内容

1. 穿好劳保服装,备齐劳动工具。
2. 设施、现场整洁,物品摆放有序,考试准备规范,选用材料正确。
3. 按安全技术操作规范施工,按技术要求自检产品并做好标记。
4. 外径偏差允许±1 mm。
5. 长度偏差允许±2 mm。
6. 端面垂直偏差不得大于 1.5 mm。
7. 椭圆度不应大于 3 mm。
8. 同心异径管两端中心线应重合,其偏心值不应大于 3 mm。

(二)考核时限

工时定额 40 min。

职业技能等级认定
管道工高级技师实作技能考核评分记录表

单位: 姓名: 性别: 准考证号: 工种: 级别:

试题名称:焊制同心异径管 考核时间:40 min

操作开始时间: 时 分 操作结束时间: 时 分

序号	考核内容	考核要求	配分	评分标准	实测	得分
1	工作前准备	(1)劳保着装; (2)工具准备	10	(1)劳保着装不符合要求扣 5 分; (2)工具准备不符合要求每项扣 2 分		
2	物料、设施准备	(1)设施、现场整洁,物品摆放有序; (2)选用材料正确,考核准备规范	10	(1)现场脏乱每处扣 1 分; (2)材料选择不合理及准备工作不当,每项扣 4 分		
3	工作内容	外径偏差允许±1 mm	20	外径偏差超差 1 mm 扣 2 分,超差 2 mm 扣 4 分,依此类推		
		长度偏差允许±2 mm	15	长度偏差超差 1 mm 扣 3 分,超差 2 mm 扣 6 分,依此类推		
		端面垂直偏差不得大于 1.5 mm	10	垂直度超差 1 mm 扣 2 分,超差 2 mm 扣 4 分,依此类推;高度超差 1 mm 扣 2 分,超差 2 mm 扣 4 分,依此类推		
		椭圆度不应大于 3 mm	10	椭圆度超差 1 mm 扣 2 分,超差 2 mm 扣 4 分,依此类推		
		同心异径管两端中心线应重合,其偏心值不应大于 3 mm	10	两端中心线偏心值超差 1 mm 扣 3 分,超差 2 mm 扣 6 分,依此类推		
		工时定额 40 min	5	提前不加分,每超过规定时间 30 s 扣 1 分		

续表

序号	考核内容	考核要求	配分	评分标准	实测	得分
4	安全文明生产,工程质量检验	(1)按安全技术操作规范施工; (2)严格按要求自检产品并做好标记	10	(1)每违反1次安全技术操作规定扣5分; (2)对自检产品每出现1次错误扣5分		

考评员签名:　　　　被鉴定人签名:　　　　年　月　日

S4　曲面槽滑动支架制作

一、考核准备

(一)材料准备

准备铜板,如图所示(单位:mm)。

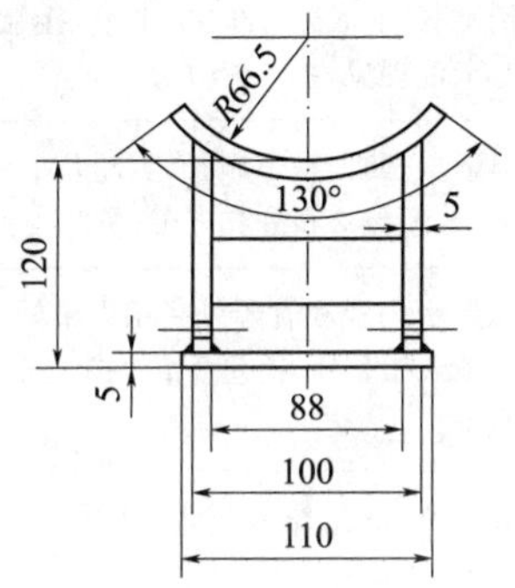

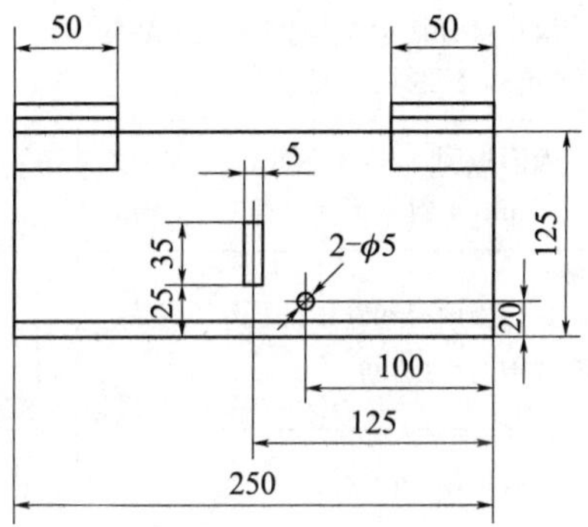

(二)设备、工具准备

准备气焊工具、手锤、钢卷尺。

(三)考场准备

考场符合安全技术施工要求。

二、考核内容及要求

(一)考核内容

1. 穿好劳保服装,备齐劳动工具。
2. 设施、现场整洁,物品摆放有序,考试准备规范,选用材料正确。
3. 按安全技术操作规范施工,按技术要求自检产品并做好标记。
4. 曲面槽滑动支架的焊接应按图施焊,不得有漏焊、欠焊或裂缝等现象。
5. 滑动接合面应洁净、平整、接触良好,不得有歪斜、卡涩现象。
6. 弧形板、曲面槽下料长度允许偏差±5 mm,下料宽度允许偏差±3 mm。
7. 弧形板内径和管子外径结合良好,允许偏差±2 mm。

(二)考核时限

工时定额1 h。

职业技能等级认定
管道工高级技师实作技能考核评分记录表

单位：　　　　　姓名：　　　　性别：　　　　准考证号：　　　　　　　　工种：　　　　　级别：

试题名称：曲面槽滑动支架制作　　　　　　　　　　　　　　　　　　　　　　考核时间：1 h

操作开始时间：　　时　　分　　　　　　　　　　　操作结束时间：　　时　　分

序号	考核内容	考核要求	配分	评分标准	实测	得分
1	工作前准备	(1)劳保着装； (2)工具准备	10	(1)劳保着装不符合要求扣5分； (2)工具准备不符合要求每项扣2分		
2	物料、设施准备	(1)设施、现场整洁，物品摆放有序； (2)选用材料正确，考核准备规范	10	(1)现场脏乱每处扣1分； (2)材料选择不合理及准备工作不当，每项扣4分		
3	工作内容	曲面槽滑动支架的焊接应按图施焊，不得有漏焊、欠焊或裂缝等现象	20	如有漏焊、欠焊或裂缝等现象，视其情节扣1～10分		
		滑动接合面应洁净、平整、接触良好，不得有歪斜、卡涩现象	15	滑动接合面不洁净、不平整，接触不良有卡涩现象，扣1～10分		
		弧形板、曲面槽下料长度允许偏差±5 mm，下料宽度允许偏差±3 mm	15	弧形板、曲面槽下料长、宽超差1 mm扣2分，超差2 mm扣4分，依此类推		
		弧形板内径和管子外径结合良好，允许偏差±2 mm	15	弧形板内径和管子外径结合不好，超差1 mm扣2分，超差2 mm扣4分，依此类推		
		工时定额1 h	5	提前不加分，每超过规定时间2 min扣1分		
4	安全文明生产，工程质量检验	(1)按安全技术操作规范施工； (2)严格按要求自检产品并做好标记	10	(1)每违反1次安全技术操作规定扣5分； (2)对自检产品每出现1次错误扣5分		

考评员签名：　　　　　　　　　　　　　被鉴定人签名：　　　　　　　　　　　　　年　　月　　日

S5　除污器组成

一、考核准备

(一)材料准备

准备钢管、除污器、闸阀，如图所示(单位：mm)，图中零件见表。

(二)设备、工具准备

准备电气焊工具、管钳、活扳手、铰板、台虎钳、手锯、钢卷尺。

(三)考场准备

考场符合安全技术施工要求。

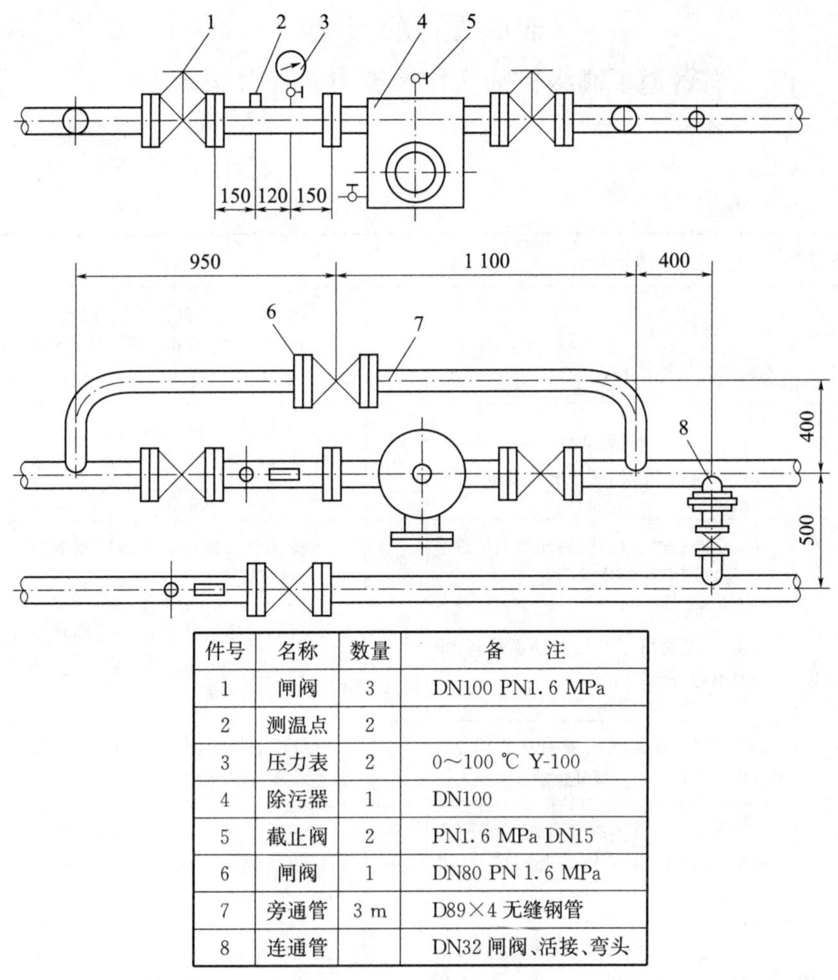

件号	名称	数量	备　　注
1	闸阀	3	DN100 PN1.6 MPa
2	测温点	2	
3	压力表	2	0～100 ℃ Y-100
4	除污器	1	DN100
5	截止阀	2	PN1.6 MPa DN15
6	闸阀	1	DN80 PN 1.6 MPa
7	旁通管	3 m	D89×4 无缝钢管
8	连通管		DN32 闸阀、活接、弯头

二、考核内容及要求

(一)考核内容

1. 穿好劳保服装,备齐劳动工具。

2. 设施、现场整洁,物品摆放有序,考试准备规范,选用材料正确。

3. 按安全技术操作规范施工,按技术要求自检产品并做好标记。

4. 按截止阀、无缝钢管配制光滑面平焊法兰,按标准图绘图制作除污器。

5. 焊接时,要使管子和法兰端面垂直,垂直偏差不超过±2 mm。

6. 法兰连接应保持同轴,螺栓中心偏差不超过其孔径的5%,并保证螺栓自由穿入。

7. 管子插入法兰,其端部与法兰密封面的距离为1.3～1.5倍管壁厚度,允差±2 mm。

8. 应使用同一规格螺栓,安装方向一致,紧固时应对称均匀紧固,松紧适度,紧固后丝扣露出长度等于螺栓直径的1/2。

(二)考核时限

工时定额12 h。

职业技能等级认定
管道工高级技师实作技能考核评分记录表

单位：　　　　姓名：　　　性别：　　　准考证号：　　　　　　　　工种：　　　级别：

试题名称：除污器组成　　　　　　　　　　　　　　　　　　　　　　　　考核时间：12 h

操作开始时间：　　时　　分　　　　　　　　　操作结束时间：　　时　　分

序号	考核内容	考核要求	配分	评分标准	实测	得分
1	工作前准备	(1)劳保着装； (2)工具准备	10	(1)劳保着装不符合要求扣5分； (2)工具准备不符合要求每项扣2分		
2	物料、设施准备	(1)设施、现场整洁，物品摆放有序； (2)选用材料正确，考核准备规范	10	(1)现场脏乱每处扣1分； (2)材料选择不合理及准备工作不当，每项扣4分		
3	工作内容	按截止阀、无缝钢管配制光滑面平焊法兰，按标准图绘图制作除污器	20	按制图有关标准及规定检查制图能力，视其程度扣1～10分		
		焊接时，要使管子和法兰端面垂直，垂直偏差不超过±2 mm	15	焊接后检查管子和法兰端面垂直偏差超差1 mm扣2分，超差2 mm扣4分，依此类推		
		法兰连接应保持同轴，螺栓中心偏差不超过其孔径的5%，并保证螺栓自由穿入	10	螺栓中心偏差超差1%扣2分，超差2%扣4分，依此类推		
		管子插入法兰，其端部与法兰密封面的距离为1.3～1.5倍管壁厚度，允差±2 mm	10	管子插入法兰其端部与法兰密封面的距离超差1 mm扣2分，超差2 mm扣4分，依此类推		
		应使用同一规格螺栓，安装方向一致，紧固时应对称均匀进行，松紧适度，紧固后丝扣露出长度等于螺栓直径的1/2	10	螺纹规格、安装方向、紧固程度、紧固后丝扣露出长度不按要求做，酌情扣1～10分		
		工时定额12 h	5	提前不加分，每超过规定时间2 min扣1分		
4	安全文明生产，工程质量检验	(1)按安全技术操作规范施工； (2)严格按要求自检产品并做好标记	10	(1)每违反1次安全技术操作规定扣5分； (2)对自检产品每出现1次错误扣5分		

考评员签名：　　　　　　　　　　　　被鉴定人签名：　　　　　　　　　　　年　　月　　日

S6　热弯压缩空气支管

一、考核准备

(一)材料准备

准备 ϕ108 mm×4 mm 无缝钢管，如图所示(单位：mm)。

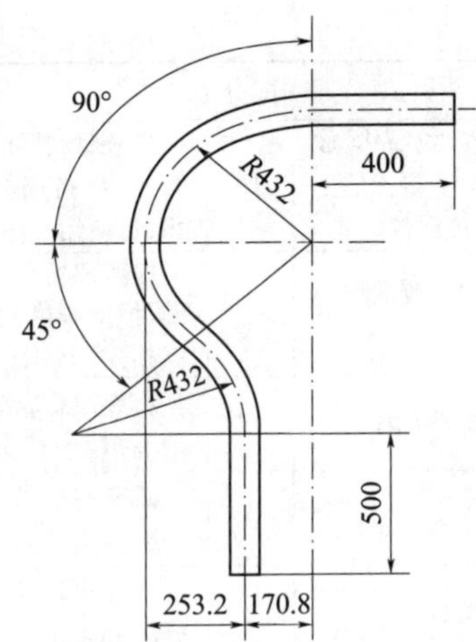

(二)设备、工具准备

准备气焊工具、模具、钢卷尺。

(三)考场准备

考场符合安全技术施工要求。

二、考核内容及要求

(一)考核内容

1. 穿好劳保服装,备齐劳动工具。
2. 设施、现场整洁,物品摆放有序,考试准备规范,选用材料正确。
3. 按安全技术操作规范施工,按技术要求自检产品并做好标记。
4. 煨弯现场布置完善,砂子粒度选择正确,加热温度适当。
5. 不得有裂纹、分层过烧等缺陷。
6. 减薄率不超过 15%。
7. 椭圆率不超过 8%。
8. 弯曲角度不超过±5°。
9. 波浪度不得大于 4 mm。

(二)考核时限

工时定额 4 h。

职业技能等级认定

管道工高级技师实作技能考核评分记录表

单位：　　　　姓名：　　　性别：　　　准考证号：　　　　　　工种：　　　　级别：

试题名称:热弯压缩空气支管　　　　　　　　　　　　　　　　考核时间:4 h

操作开始时间：　时　　分　　　　　　　　操作结束时间：　时　　分

序号	考核内容	考核要求	配分	评分标准	实测	得分
1	工作前准备	(1)劳保着装; (2)工具准备	10	(1)劳保着装不符合要求扣 5 分; (2)工具准备不符合要求每项扣 2 分		

续表

序号	考核内容	考核要求	配分	评分标准	实测	得分
2	物料、设施准备	(1)设施、现场整洁,物品摆放有序; (2)选用材料正确,考核准备规范	10	(1)现场脏乱每处扣1分; (2)材料选择不合理及准备工作不当,每项扣4分		
3	工作内容	煨弯现场布置完善,砂子粒度选择正确,加热温度适当	10	煨弯现场布置不完善,砂子粒度不标准,根据程度扣1~10分,加热温度过高扣5~10分		
		不得有裂纹、分层过烧等缺陷	15	有裂纹总成绩不合格,分层过烧视其情节扣1~15分		
		减薄率不超过15%	10	减薄率超差1%扣2分,超差2%扣4分,依此类推		
		椭圆率不超过8%	10	椭圆率超差2%扣2分,超差4%扣4分,依此类推		
3	工作内容	弯曲角度不超过±5°	10	弯曲角度超差1°扣2分,超差2°扣4分,依此类推		
		波浪度不得大于4 mm	10	波浪度超差2 mm扣4分,依此类推		
		工时定额4 h	5	提前不加分,每超过规定时间5 min扣1分		
4	安全文明生产,工程质量检验	(1)按安全技术操作规范施工; (2)严格按要求自检产品并做好标记	10	(1)每违反1次安全技术操作规定扣5分; (2)对自检产品每出现1次错误扣5分		

考评员签名: 被鉴定人签名: 年 月 日

S7 90°弯头下料制作

一、考核准备

(一)材料准备

准备0.7 mm镀锌薄钢板,如图所示(单位:mm)。

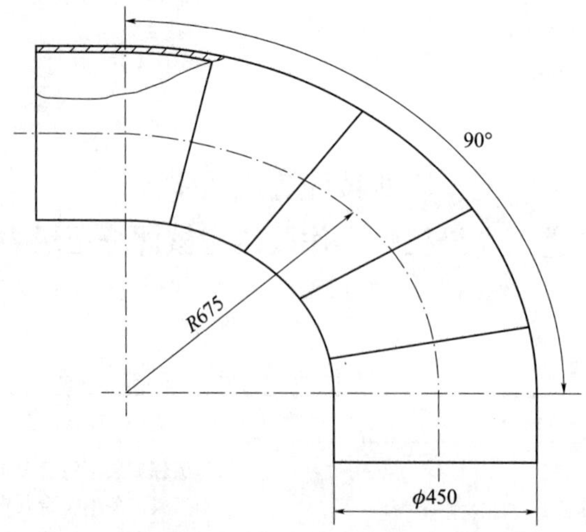

(二)设备、工具准备

准备钢卷尺、剪子、划规。

(三)考场准备

考场符合安全技术施工要求。

二、考核内容及要求

(一)考核内容

1. 穿好劳保服装,备齐劳动工具。
2. 设施、现场整洁,物品摆放有序,考试准备规范,选用材料正确。
3. 按安全技术操作规范施工,按技术要求自检产品,做好标记。
4. 弯头角度应正确,允许偏差 2 mm。
5. 风管的闭合咬口可采用单咬口,表面应平整,圆弧均匀。
6. 纵向接缝应错开,咬口缝应紧密,宽度均匀。
7. 外径允许偏差小于 2 mm,不平整度不应大于 2 mm。

(二)考核时限

工时定额 10 h。

职业技能等级认定
管道工高级技师实作技能考核评分记录表

单位：　　姓名：　　性别：　　准考证号：　　工种：　　级别：

试题名称:90°弯头下料制作　　　　考核时间：10 h

操作开始时间：　时　分　　　　操作结束时间：　时　分

序号	考核内容	考核要求	配分	评分标准	实测	得分
1	工作前准备	(1)劳保着装; (2)工具准备	10	(1)劳保着装不符合要求扣 5 分; (2)工具准备不符合要求每项扣 2 分		
2	物料、设施准备	(1)设施、现场整洁,物品摆放有序; (2)选用材料正确,考核准备规范	10	(1)现场脏乱每处扣 1 分; (2)材料选择不合理及准备工作不当,每项扣 4 分		
3	工作内容	弯头角度应正确,允许偏差 2 mm	20	角度不正确超差 1 mm 扣 2 分,超差 2 mm 扣 4 分,依此类推		
		风管的闭合咬口可采用单咬口,表面应平整,圆弧均匀	15	咬口表面不平整,圆弧不均匀,视其程度扣 1～15 分		
		纵向接缝应错开,咬口缝应紧密,宽度均匀	20	纵向接缝不错开,咬口缝不紧密,宽度不均,视其程度扣 1～10 分		
		外径允许偏差为小于 2 mm,平整度不应大于 2 mm	10	直径偏差超差 1 mm 扣 2 分,超差 2 mm 扣 4 分,依此类推;平整度超差 1 mm 扣 2 分,超差 2 mm 扣 4 分,依此类推		
		工时定额 10 h	5	提前不加分,每超过规定时间 10 min 扣 1 分		

续表

序号	考核内容	考核要求	配分	评分标准	实测	得分
4	安全文明生产，工程质量检验	(1)按安全技术操作规范施工； (2)严格按要求自检产品并做好标记	10	(1)每违反1次安全技术操作规定扣5分； (2)对自检产品每出现1次错误扣5分		

考评员签名：　　　　　　　　　　　被鉴定人签名：　　　　　　　　　　　年　　月　　日

S8　活塞式减压阀组装

一、考核准备

(一)材料准备

准备阀门、钢管，如图所示(单位：mm)，图中零件见表。

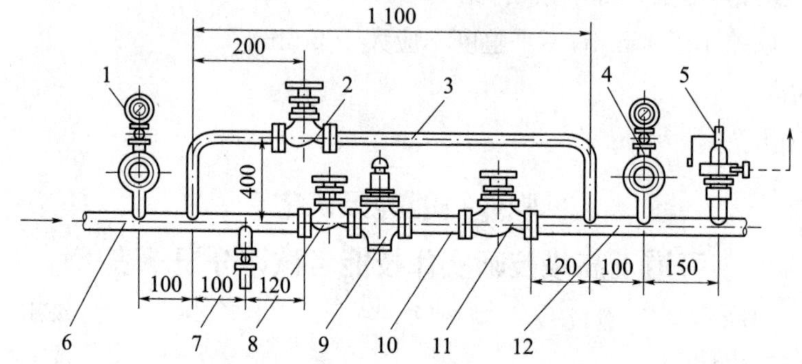

件号	名　称	数量	规格	备　　注
1	压力表	2	0～6 0～16	Y-100
2	截止阀	1	DN25	PN16 MPa
3	钢管	3 m	DN25	
4	旋塞	2	DN15	
5	安全阀	1	DN25	PN1.0 MPa
6	钢管		DN25	
7	旋塞	1	DN15	PN1.6 MPa
8	截止阀	1	DN25	PN1.6 MPa
9	活塞式减压阀	1	DN25	PN1.6 MPa
10	导径管	1	DN25/ DN40	
11	截止阀	1	DN40	PN10 MPa
12	钢管	1 m	DN40	

(二)设备、工具准备

准备管钳、电气焊工具、钢卷尺、活扳手、铰板、台虎钳。

(三)考场准备

考场符合安全技术施工要求。

二、考核内容及要求

(一)考核内容

1. 穿好劳保服装,备齐劳动工具。

2. 设施、现场整洁,物品摆放有序,考试准备规范,选用材料正确。

3. 按安全技术操作规范施工,按技术要求自检产品并做好标记。

4. 按截止阀安全阀压力PN,管子公称直径DN,绘图配制法兰,应符合光滑面平焊钢法兰标准。

5. 焊接时,要使管子和法兰端面垂直,垂直偏差不超过5%,并保证螺栓自由穿入。

6. 法兰连接应保持同轴,螺栓中心偏差不超过其孔径的5%,并保证螺栓自由穿入。

7. 管子插入法兰,其端部与法兰密封面的距离为1.3～1.5倍管壁厚度,允差±2 mm。

8. 应使用同一规格螺栓,安装方向一致,紧固时应对称均匀紧固,松紧适度,紧固后丝扣露出长度等于螺栓直径的1/2。

(二)考核时限

工时定额16 h。

职业技能等级认定
管道工高级技师实作技能考核评分记录表

单位：　　　　　姓名：　　　　性别：　　　准考证号：　　　　　　　工种：　　　　级别：

试题名称:活塞式减压阀组装　　　　　　　　　　　　　　　　　　　　　考核时间:16 h

操作开始时间：　时　　分　　　　　　　　操作结束时间：　时　　分

序号	考核内容	考核要求	配分	评分标准	实测	得分
1	工作前准备	(1)劳保着装; (2)工具准备	10	(1)劳保着装不符合要求扣5分; (2)工具准备不符合要求每项扣2分		
2	物料、设施准备	(1)设施、现场整洁,物品摆放有序; (2)选用材料正确,考核准备规范	10	(1)现场脏乱每处扣1分; (2)材料选择不合理及准备工作不当,每项扣4分		
3	工作内容	按截止阀安全阀压力PN,管子公称直径DN,绘图配制法兰,应符合光滑面平焊钢法兰标准	15	按制图有关标准及规定检查制图能力,视其程度扣1～10分		
		焊接时,要使管子和法兰端面垂直,垂直偏差不超过±2 mm	20	焊接后检查管子和法兰端面垂直偏差超差1 mm扣2分,超差2 mm扣4分,依此类推		
		法兰连接应保持同轴,螺栓中心偏差不超过孔径的5%,并保证螺栓自由穿入	10	螺栓中心偏差超差1%扣2分,超差2%扣4分,依此类推		
		管子插入法兰应使其端部与法兰密封面的距离保持在1.3～1.5倍的管壁厚度,允差±2 mm	10	管子插入法兰其端部与法兰密封面的距离超差1 mm扣1分,超差2 mm扣4分,依此类推		

续表

序号	考核内容	考核要求	配分	评分标准	实测	得分
3	工作内容	应使用同一规格螺栓，安装方向一致，紧固时应对称均匀进行，松紧适度，紧固后丝扣露出长度等于螺栓直径的1/2	10	螺纹规格、安装方向、紧固程度、紧固后丝扣露出长度不按要求做，酌情扣1～10分		
		工时定额16 h	5	提前不加分，每超过规定时间2 min扣1分		
4	安全文明生产，工程质量检验	(1)按安全技术操作规范施工； (2)严格按要求自检产品并做好标记	10	(1)每违反1次安全技术操作规定扣5分； (2)对自检产品每出现1次错误扣5分		

考评员签名：　　　　　　　　被鉴定人签名：　　　　　　　　年　　月　　日

S9　方形补偿器的制作与安装

一、考核准备

准备水平尺、榔头、角尺等工具，热加工平台、焊机、千斤顶等。

二、考核内容及要求

1. 试题内容：一根ϕ159 mm×4.5 mm的蒸汽管道，温度为155 ℃，安装时温度为5 ℃，要求在管路上安装一方形补偿器(要求弯曲半径$R=4D_w$)，如图所示。

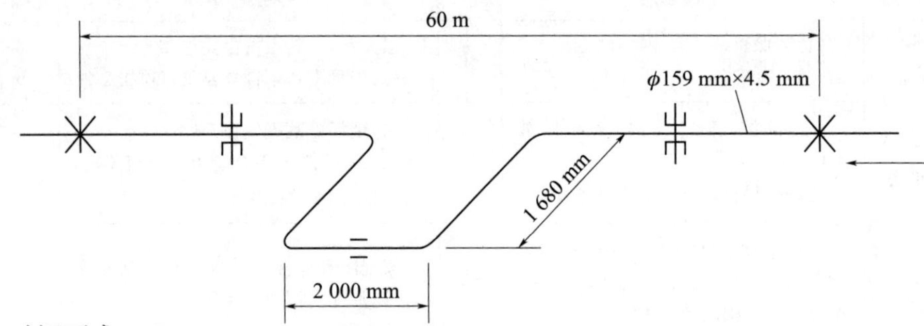

2. 时间要求：4 h。

3. 考核要求及评分标准见下表。

考核项目		考核内容及考核要求	配分	评分标准
一般项目		熟悉安装内容，确定安装程序；查阅相关资料；清理好施工场所；检查制作安装用工具、设备是否齐全完好；组织分配好相关配合人力	10	每做到一点得2分
主要项目	1. 方形补偿器的制作	(1)计算制作方形补偿器所需的总长度 计算出每个弯头的加热长度和起弯点	10	总长度计算错误扣3分，弯头加热长度计算错误扣5分，起弯点不准扣2分

续表

考核项目		考核内容及考核要求	配分	评分标准
主要项目	1. 方形补偿器的制作	(2)对直管的加热部分进行加热煨弯 ①弯曲半径为：$R=4D_w$；②热弯时管子椭圆率不超过8%；③四个弯处角度必是90°，误差不能超过±2°；④四个弯头必须在同一平面内，平面歪扭偏差不应大于3 mm/m，全长不得大于10 mm；⑤补偿器臂长偏差不应大于±10 mm；⑥在热煨过程中操作应符合正确操作方法	35	第①～④项超差每项扣6分，第⑤项超差扣3分，违反操作规程适当扣1～8分
	2. 安装补偿器	(1)对制作好的补偿器做全面检查，对达不到要求处进行校正； (2)在补偿器安装时要进行预拉伸，预拉值偏差不能超过±10 mm，拉伸量为补长量的50%； (3)补偿器坡度与管道坡度应一致； (4)冷紧接口要距离补偿器弯曲点2～3 m； (5)安装补偿器水平臂、自由臂上的支架，位置要准确，选型要合理； (6)对照图样，检查方形补偿器的安装是否已达到规定要求，没达到则需要检修，直至合格	30	第(1)项工作做得不全面扣1～3分；第(2)项超差和操作方法不当扣5～15分；第(3)项超差扣5分；第(4)项超差扣3分；第(5)项工作做得不全面扣5分
综合项目		在制作安装过程中工序是否正确，人力安排是否合理，使用的安装制作方法是否便捷，安装工艺是否美观等	7	根据实际情况适量扣分
安全文明生产		1. 遵守国颁安全生产法规有关规定和企业自定有关规定； 2. 遵守企业有关文明生产规定	8	违反有关规定扣1～5分，工作场地不整洁，工具、设备不整齐可适量扣1～3分
时间定额		4 h		每超过0.5 h扣5分，超过2 h不评分

考评员签名：　　　　　　　　　　被鉴定人签名：　　　　　　　　　　年　　月　　日

4. 操作要求：先熟悉图样，查阅相关资料和要求，确定好要使用的工具、设备，组织好人力、物力，准备好所需材料，应选用质量好的无缝钢管。由于管外径是159 mm，所以应采用热煨，先计算无缝钢管的总长度，如图所示。

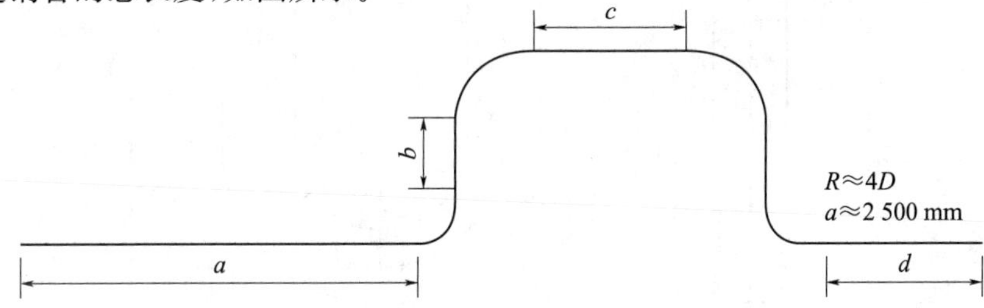

$$L=a+(b\times2)+c+d+4\times90\cdot\pi R/180$$
$$\approx2\,500+[(1\,680-2\times650)\times2]+(2\,000-2\times650)+300+4\times90\times3.14\times650\div180$$
$$=8\,342(\text{mm})$$

当长度确定后，开始下料，并在管子上画好起弯点和加热长度，在画起弯点时，应注意量第二只弯头的弯曲中心时需扣除一个0.215R值，同样以后每只弯头弯曲中心都要扣除一个

0.215R，以免累计误差增大。当线画好，加热火炬，加工平台一切都准备就绪后，可以向管内充沙。先将一端用木塞堵上，灌入洁净干燥的沙，并填实、封头。

加热时由于管径大，一台氧-乙炔加热过慢，用地炉鼓风机加热又麻烦，成本又高，所以应有两台氧-乙炔焰同时分段加热，加热时应经常转动管子，使管段周围受热均匀，使管子升温缓慢、均匀，以保证管子热透，并防止过烧和渗碳。一般管子表面呈现橙红色时，即达到所需温度，把管子固定在弯管平台上进行弯曲，弯曲时可用卷扬机或手拉葫芦进行，钢丝绳与管子角度应保持 90°左右(一般用导向滑轮控制在 90°±15°内)。用力应缓慢均匀，弯曲角度应在 92°左右，当达到需要角度时应立即卸力并浇水将该部分管段整个圆冷却，管段冷却后回弹 2°即角度刚好 90°左右。在热弯过程中如发现椭圆度过大、鼓包或出现较大褶皱，应立即停止弯曲，并趁热修整。以此方法煨好其他三个弯头，弯好后放在空气中缓慢冷却。冷却后将管子塞头去掉，清除黄沙，并吹扫干净，检查补偿器质量，不合要求的在平台上稍加校修。

当补偿器制作合格后，可以进行安装。方形补偿器要进行预拉伸，拉伸量为计算伸长量的 50%，将方形补偿器安装到位，用临时支架支承到与管线同一标高，将补偿器一头与管线对接焊好，另一头留出冷接焊口，焊口空隙为 1/2 计算伸长量，再将两端固定支架牢固固定，阀件螺栓全部拴紧，用拉管器或手拉葫芦对冷紧口进行拉拔，直至将管口对齐点焊，待焊工焊完并充分冷却后拆除拉紧工具。最后根据图样位置在补偿器自由臂上加上正式导向支架。

S10 冷煨存油器

一、考核准备

(一)材料准备

准备 ϕ38 mm×3 mm 无缝钢管，如图所示(单位：mm)。

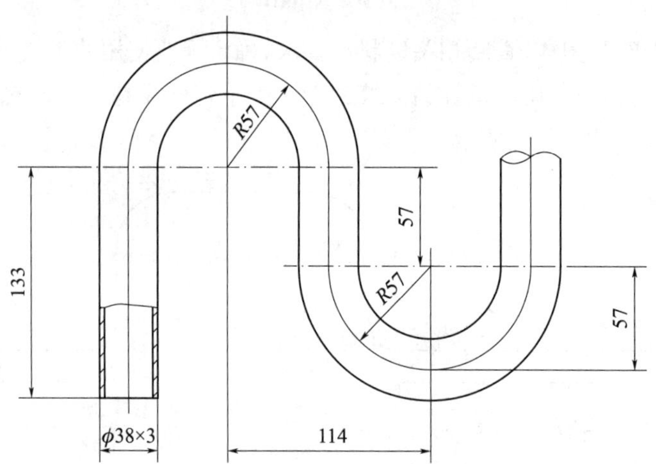

(二)设备、工具准备

准备气焊工具、模具、钢卷尺。

(三)考场准备

考场符合安全技术施工要求。

二、考核内容及要求

(一)考核内容

1. 穿好劳保服装,备齐劳动工具。
2. 设施、现场整洁,物品摆放有序,考试准备规范,选用材料正确。
3. 按安全技术操作规范施工,按技术要求自检产品并做好标记。
4. 弯管椭圆度最大不得超过1%。
5. 减薄率不得超过原壁厚15%。
6. 折皱不平度不得超过3 mm。
7. 弯曲角应正确,两弯中心距允许偏差±3 mm。
8. 直管段长度允许偏差±5 mm。

(二)考核时限

工时定额40 min。

职业技能等级认定
管道工高级技师实作技能考核评分记录表

单位：　　　　姓名：　　　性别：　　　准考证号：　　　　　　　工种：　　　　级别：

试题名称:冷煨存油器　　　　　　　　　　　　　　　　　　　　　考核时间:40 min

操作开始时间：　时　分　　　　　　　　操作结束时间：　时　分

序号	考核内容	考核要求	配分	评分标准	实测	得分
1	工作前准备	(1)劳保着装； (2)工具准备	10	(1)劳保着装不符合要求扣5分； (2)工具准备不符合要求每项扣2分		
2	物料、设施准备	(1)设施、现场整洁,物品摆放有序； (2)选用材料正确,考核准备规范	10	(1)现场脏乱每处扣1分； (2)材料选择不合理及准备工作不当,每项扣4分		
3	工作内容	弯管椭圆度最大不得超过1%	20	椭圆度超差1%扣2分,超差2%扣4分,依此类推		
		减薄率不得超过原壁厚15%	15	减薄率超差1%扣2分,超差2%扣4分,依此类推		
		折皱不平度不得超过3 mm	10	折皱不平度超差1 mm扣2分,超差2 mm扣4分,依此类推		
		弯曲角应正确,两弯中心距允许偏差±3 mm	10	弯曲中心距超差1 mm扣2分,超差2 mm扣4分,依此类推		
		直管段长度允许偏差±5 mm	10	直管段长度超差1 mm扣2分,超差2 mm扣4分,依此类推		
		工时定额40 min	5	提前不加分,每超过规定时间30 s扣1分		
4	安全文明生产,工程质量检验	(1)按安全技术操作规范施工； (2)严格按要求自检产品并做好标记	10	(1)每违反1次安全技术操作规定扣5分； (2)对自检产品每出现1次错误扣5分		

考评员签名：　　　　　　　　　　　　被鉴定人签名：　　　　　　　　　年　月　日